街角的
藥妝龍頭

超級零售勢力
屈臣氏的崛起與挑戰

趙粵——著

watsons

watsons

watsons

watsons

獻給凱倫

目次

推薦序

韋以安

（前屈臣氏集團董事總經理，銅紫荊星章、意大利騎士勳章）

在香港居住了近 40 年，在屈臣氏也擔任了 25 年集團董事總經理，我從來沒有夢想過，有一天我會坐下來確認趙粵的不懈、勤奮而專業地整理屈臣氏的整個歷程，他結合了將近 200 年的詳細資訊、歷史，以及該時期無論是在商業上還是在政治上的所有高潮和低谷。在我眼中，這是一項重大成就。

在彙編本書內容的醞釀期中，趙粵和我曾多次會面以回顧進度。儘管美國的 CVS 和英國的博姿這兩個主要的藥妝集團都有著有趣的歷史，但它們起源於更為成熟的環境，消費者擁有更多的財富。除日本外，亞洲其他地區直到 1980 年代末和 1990 年代才出現中產階級。

1981 年 9 月的一個晚上，我接到倫敦 M.S.L. 的 Bill Griffith 的來電，問我是否對香港的職位感興趣，我問他是否可以確切介紹該職位。經過一段時間的談判，我決定於深秋時前往香港出差，離開大雪中的約克郡而降落在攝氏 22 度的香港，兩者的差異確實令我震驚。

在與李察信（John Richardson）和他的團隊開會的幾天中，環境和公司文化的差異非常明顯，但工作本身幾乎是相同

的。我的想法是接受集團董事總經理的職位，並嘗試 2 年的任期。最終的結果與當初的想法卻完全不同。

1982 年 3 月 15 日，我離開當時的銅鑼灣怡東（Excelsior）酒店，穿過維多利亞公園，來到一棟北角的屈臣氏大廈，位於 1912 年建造的原屈臣氏飲用水工廠所在地。我受到同事們的歡迎，很快就安頓下來。當時，屈臣氏擁有一連串的小型企業，很難管理，我立即著手著眼於那些對未來至關重要的企業。為了激發注意力和步調，有必要進行一些管理上的改變。

零售

在 1980 年代初期，我擴張門市發展，以支持和黃的現金流需求，所以在 1983 年的黑暗日子裡，屈臣氏能夠最大程度地為集團籌集現金，並支持包括公益金在內的當地慈善機構。雖然港元匯率下跌，但最終的匯率仍被固定在 7.8 港元兌 1 美元的水準，直至今天依然如此。

最早的幾年證實本地市場銷量成長非常困難，我的想法是要關注台灣、新加坡和中國大陸，一些中產階級崛起的國家與地區，這些都是屈臣氏在頭 150 年我們做得很好的地方。在香港繼續保持快速發展的同時，我們在 1980 年下半年打入了以上三個地方，每個市場都有新點子的門市。

當我首次造訪台灣時，寶島仍然處於戒嚴狀態，國民黨的黨產企業是唯一的合資夥伴；1987 年，該地發生了變化，政府不再要求我們需要與本地夥伴合作。由於李嘉誠先生在內地的慷慨捐款，我到處都受到熱烈歡迎，還與當時上海市合資夥

伴的政府代表韓正先生（現為中國大陸國務院副總理）談判。
在 1990 年代，我們亦透過與當地企業合資進入泰國和菲律賓
市場。

1997 年

1997 年，亞洲經濟陷入困境，所有屈臣氏的雞蛋（業
務）都放在亞洲的同一個籃子（市場）裡。顯而易見的是，食
品零售業面對來自美國、歐洲和本地企業的競爭日益激烈，獲
利能力有限，因此，我決定將我們的主要投資鎖定於健康和美
容行業。

在李先生的同意下，我決定在歐洲進行收購。我也開始意
識到使用投資銀行來尋找合適的公司實在太昂貴了，因此所有
談判都是由我的團隊和我自己完成的。李先生同意最高投資限
額為 15 億歐元，所以我們馬上開始行動，第一個明顯的目標
是荷蘭的 Kruidvat 集團，其擁有者是潛在的賣方。李先生有見
歐元的收購價大約 15 億歐元，要求我們使用一家非常著名的
投資銀行估價，估計出的收購價格不低於 18 億歐元。與業主
共進數次晚餐後，我們以 12.85 億歐元的價格達成協議。有趣
的是，賣方所有收益都捐給了慈善機構。

在進行了幾項其他投資包括購買德國和中歐地區 Dirk
Rossmann 公司 40％的股份之後，我們成為歐洲最大的保健和
美容公司（按門市數量計算）。

到這個時候，我們已經有了低階與中階市場的健康與美容
商店市佔率，但是高階香水和化妝品商店卻很少。蔓麗安奈

（Marionnaud）是法國和歐洲的主要連鎖店，擁有 1,300 家此類門市，最終被我們收購，並成為具有挑戰性的企業。李先生因此獲得了法國榮譽軍團勳章（Legion of Honour），而我則患上了偏頭痛。無論如何，我們花了一些時間把屈臣氏的零售業務，從少量的門市擴張成為橫跨歐亞的主要參與者。

製造業（雪糕）

當我在 1982 年初到香港時，這一行業對我來說是全新的體驗，屈臣氏的飲料、冰淇淋和藥品生產組合並不常見，實際上，這是漫長的歷史造就的結果。在我到達後不久，屈臣氏位於香港葵湧的一家製藥廠被燒毀而沒法重新啟動，其後剩下兩個產品組合。

我們試圖透過購買上海益民第一食品廠，來擴大我們的雪山（Mountain Cream）雪糕業務，該工廠是一個所有員工都居住在內的巨大城鎮。雪糕的世界正處於聯合利華和雀巢兩大集團之爭，所以我借此機會以 9,500 萬美元的價格，將香港和中國大陸的品牌出售給聯合利華。

製造業（飲料）

屈臣氏在飲用水方面已有近兩個世紀的不可思議歷史。當然，利潤是不錯的。我愛上了屈臣氏水品牌，其透過 5 至 18 歲的田徑運動來促進香港青年的健康而成為特色。在過去 20 多年來，該品牌一直是澳門格蘭披治大賽車的主要贊助商；即

使到今天，屈臣氏水品牌贊助的模型賽車仍在生產中。另一個主要贊助項目是網球，我們多年來一直是香港國際網球運動的推動者，吸引了世界上最好的運動員。

當我們意識到大型液體容器對辦公室和廚房的吸引力後，我決定再次以此進入歐洲，我們購買了在多個國家的小型礦泉水公司，最終以 5.6 億歐元的價格將其出售給雀巢。

Priceline（現稱 Bookings）

在 2000 年代初期，我接到紐約高盛 (Goldman Sachs) 公司一通不尋常的電話，詢問李先生是否有興趣收購總部位於康乃狄克州諾沃克市的網路旅遊早期開發者 Priceline 的業務。我和它的董事長兼花旗銀行（CITI Bank）負責人碰面後，在只有李先生的支持下最終決定以每股 2 美元的價格收購 37％ 的股份。最初的商業模式是折扣機票，但是當美國航空（American Airlines）否決了以上模式後，我們不得不另外尋找一個新的平台來向前發展。

當我向美國管理階層展示了歐洲的同類型業務市場定位之後，我們構思了飯店客房折扣的業務。Priceline 其後成為全球最大的網路旅遊公司，股價猛升。雖然由於和黃的謹慎態度，我們很早就出售了業務，但這真是一次很好的經驗。

李嘉誠先生

在和黃度過 25 年如意的歲月，並服務過 3 位首席執行官

之後，我要感謝李嘉誠先生的參與，為所有重大決策提供支持。他的財務成就是傳奇性的，而他的管理技巧和時機使他與眾不同，在香港獨一無二。關於他已經提過許多，但能成為他的員工我仍深感自豪，他總是那麼謙虛，而且從不展示權威。

總結

對我來說，屈臣氏是一段精彩的人生經歷，我很幸運能得到一支在世界許多地方努力工作的優秀團隊的支持。

香港令我感覺賓至如歸，如令屈臣氏與李先生的其他國際投資能均置身於全球的商業版圖之上，我已心滿意足。

推薦序

陳志輝

（香港中文大學商學院市場學系專業應用教授、

大灣區商學院校長）

　　香港於 1842 至 1997 年間為英國殖民地，屈臣氏的 180 年商業歷史，可以追溯至 1841 年英軍佔領香港、上環的水坑口。香港開埠初期，兩位英籍外科醫生成立的「香港大藥房」（1862 年開始稱為屈臣氏、1981 年成為和黃的全資附屬公司）有著得天獨厚的優勢。在頭 70 年，香港殖民地法律只容許英籍或外籍藥劑師（時稱「化學師」）經營的藥房售賣藥用鴉片與戒煙藥（出口則不受限制），一直到 1908 年才出現第一位香港本地培訓的華人成為化學師。

　　時至今日，香港的四大洋行：怡和、長和（2014 年 12 月前稱「和黃」）、太古及九龍倉，仍然對香港本地零售、服務業及勞工市場有著重要的影響。長和與九龍倉自上世紀 1979 年與 1985 年，分別為華人李嘉誠爵士與已故包玉剛爵士家族擁有與管理。在眾多的大中華地區企業家中，包括已故的邵逸夫爵士（邵氏）、李嘉誠爵士（長和與長實）、柳傳志（聯想）、施振榮（宏碁）等，常都被人形容為實踐王道的企業家，因為他們各自在文化、工業、商業、科技的範疇中成為全球或亞太

地區的典範，並展示了儒道商業哲學：積極參與慈善事業，關注貧困者的教育和做出慷慨的貢獻。

過往 20 年，透過由「香港中文大學行政人員工商管理碩士課程」及香港電台合辦的「與 CEO 對話」及「管理新思維」兩個節目中，我訪問了不少業界翹楚，他們有著「臻善存德，居高懷仁」的共同理念，根據本書作者趙粵先生之言，亦可以引伸為「王道」的誠意正心、服務社群、關懷國家、放眼世界和致力環保的價值觀。

李嘉誠爵士為一位享譽全球的華商，他在 1950 年代已經成功賺取「第一桶金」。1979 年，李爵士的長實控股收購和黃成為最大股東後，以趙粵先生的看法，他銳意融合王道與西方管理哲學，除了成立個人的基金會外，也鼓勵旗下公司，在每一個服務的國家與地區，大力推廣企業社會公益活動。

韋以安（Ian Wade），是英國零售業的資深人士，於 1982 年加入和黃擔任屈臣氏集團董事總經理。在 1983 年與數位有遠見的零售商，共同創立了香港零售管理協會，代表業界以提高地位，並透過獎勵，教育和培訓零售專業的人才。在任屈臣氏的四分之一世紀中，韋以安將一度陷入困境的零售兼製造業務，轉變為健康和美容行業的全球前三大之一，並在亞洲和歐洲的零售業中寫下了一個傳奇。

本書作者趙粵先生任職消費品和醫療保健業的跨國公司亞太地區總裁、高階管理者 30 多年後，加入智行基金會成為總幹事，與我認識。他運用了最佳管理實踐以優化資源，並提高生產力，擴展受惠者人數，為弱勢兒童提供教育和心理輔導。他是一位多產的作家和商業歷史專欄作者，發表多篇有關亞洲

和中國大陸化妝品、醫學和藥學現代史的研究論文和書籍。

　　《街角的藥妝龍頭》第一部分的「全球化歷程」，以生動的手法呈現一間老牌香港零售、製造企業，如何在中國近代史中一波又一波的社會運動、內戰、革命、全球金融風暴、政治風波與世紀疫情中倖存下來。最令人興奮的部分，是在 1999 至 2005 年之間，當時屈臣氏取得了飛躍性的發展，並在韋以安的領導下，鞏固了其全球領先藥妝連鎖的地位。

　　第二部分「最佳管理實踐」中，趙粵先生深入淺出地介紹了本人研究多年的「策略思維：左右圈理論」，並借鑒 Nitin Nohria 等人提倡的「4+2」公式，描述韋以安實踐的繁榮策略。在過去的 14 年中，全球市場在中國大陸、亞洲和歐洲發生了巨大的變化，屈臣氏採取務實的有機成長方法，來規避次級房貸危機、歐債危機、中美脫鉤、英國脫歐，以及最近的新冠病毒疫情等逆風。

　　趙粵先生基於對亞洲和零售業的深入瞭解，在非政府組織領域的第一手經驗，以及對中國五口通商的研究，以平衡的方式闡述了屈臣氏的商業歷史、公司管理實踐和華人企業家的經營理念。這是一本值得推薦給現役商業界或學生和研究生的參考書籍，也值得推廣給對中國大陸和香港現代歷史感興趣的人士。對在零售領域進行投資的公眾而言，此書也具參考價值，得以瞭解屈臣氏在下一個飛躍的年代中可做出的抉擇。

推薦序

何默真

（量販女王）

繼續叱侘 FMCG 風雲 180 年

台北人大多對迪化街上的屈臣氏大藥房有一點印象，三層樓房的建築，牌樓上明顯的龍、獅徽標與八層寶塔，英文公司名稱與由右至左大大的「屈臣氏大藥房」中文字，這棟漂亮的建築物見證了台灣 1920 年代至今，迪化街的時代轉型與興衰。看了這本書才知道，原來歷史建築物的背景故事，是發生在 1927 年前後的進口品牌授權代理商之爭。當時由日本判決敗訴的李氏藥房，與取得經銷合作關係的吳氏藥房，如今安在？

我們每一個人都身處時代的洪流中，政治環境影響了近代百年來的經濟因素，以屈臣氏在台發展為例，1987 年 6 月才取得國民黨中央投資公司 50：50 的協議；一個半月後的 7 月 15 日，中華民國總統蔣經國宣布戒嚴令解除，立刻解除貿易限制，被允許成立全資子公司，也讓屈臣氏的商業理念與消費模式從香港進入台灣市場。研讀這本書不只是見證某一企業的歷史，而是相當於讀了四本書：

- 歷史書：濃縮 180 年零售業的近代史。
- 故事書：目睹 FMCG 誕生的成長故事。
- 商戰書：通透零售業如何全球化？如何在世界大型危機中解困？
- 行銷書：釐清 O to O 線上線下 1.3 億付費會員如何無縫接軌？

歷史書：濃縮 180 年零售業的近代史

2021 年，屈臣氏成立第 180 年，大家眼中知名度最高的藥妝業霸主，現今仍持續朝著全球化擴展，在全世界 27 個國家超過 16,000 家分店、14 萬名員工，現已發展成全球最大的國際保健美容零售商。這本書鉅細靡遺地寫出這 180 年大環境翻轉過程中發生在屈臣氏的大小事，不管您是什麼年紀、什麼職業，這些近代發生的故事絕對都與您有關，怎能不看？

故事書：目睹 FMCG 誕生的成長故事

不管什麼年代，創意、新奇都是商機的致命吸引力。擁有其他人沒有的獨佔優勢，能夠滿足消費者未被滿足的潛在需求，就有商機。零售業銷售的內容，看似民生必需品，但柴米油鹽只是帶路貨，真正賺到毛利的，是這些到別人家沒有、非得要到我們家才看得到的東西，這些東西具有滿足某一種心理層面需求的魅力條件，讓消費者甘願跑到我們家，掏出錢包買回去。首先介紹這項因為名字清楚地描述出「極具吸引味蕾的

經驗與樂趣」，包裝用中國人喜慶、富貴的紅色聯想，一推出就轟動，搖身一變成為家喻戶曉人手一罐的大宗消費飲品——世界各地耳熟能詳的可口可樂，一百多年前就是由屈臣氏的工廠代工貼牌製造。

還要跟大家介紹這個，由於來自荷蘭的商船而被稱為「荷蘭水」的汽水，是屈臣氏早期的熱銷進口明星產品。荷蘭水正是一種典型銷售速度快、價格相對較低的消費品（Fast Moving Consumer Goods，簡稱 FMCG，也稱為民生消費性用品）。早在 1876 年，屈臣氏就開始設廠製造各種汽水、檸檬水、薑汁汽水、蘇打水和其他無酒精飲料，此後，汽水成為上海、香港的英籍官員、外籍商人與崇尚西方的本地富商巨賈宴會必備的飲料。而早在當初，屈臣氏的市場策略原則，就是 4P 策略：新鮮概念的汽泡飲料（Product）、與眾不同的時尚生活（Promotion）、雍容華貴的場所（Place）和積極進取的價格（Price）。我們這個世代在學校學到的行銷策略，正是源自於實戰經驗磨練出的精髓啊！

商戰書：通透零售業如何全球化？如何在世界大型危機中解困？

本書中最精彩的篇幅，莫過於屈臣氏這家公司在商場的拚搏與布局全球的戰略，隨著大時代動盪的應變最是令人勾心動魄。看著當下經營者在決策的過程，既要保有企業繼續營運的動能，又要宏觀地將世界的環境與發展列為重要考量，時而飛騰時而沉潛。在 1989 年天安門事件時，加快了南下發展的步

伐；1997 年亞洲金融風暴更促使屈臣氏下定決心成為全球企業。如何在一次次危機中立於不敗之地，甚至是低迷之後該怎麼順勢高飛？在歐洲收購大型藥妝、在亞洲尋找雙贏的企業夥伴，作者剖析大環境變動當下經營者的對應態度，在以人文為本的零售業中如何思考與決策，領導階層激發第一線人員積極面對客戶的能力，從專業經理人的人格特質，到策略運籌、組織結構與企業文化等管理實務，非常值得細細研讀。

行銷書：釐清 O to O 線上線下 1.3 億付費會員如何無縫接軌？

2020 年席捲全球的新型冠狀病毒，使得 X、Y、Z 世代消費者的線上購物行為，在許多國家與地區已成為全新的常態。大家好奇屈臣氏這樣一間街邊霸王，看似用傳統方式銷售 FMCG 的連鎖藥妝店，投資線上線下的商戰計策是否奏效？從 2018 年全球經濟史的轉捩點：中產階級人口超過 38 億，占全球一半人口開始，2018 和 2019 年十大零售電子商務國家中，亞洲與歐洲各占一半，電商公司和實體商業的合併，迅速發展為線上與線下的無縫連結。屈臣氏每一步都穩扎穩打地與現今潮流對接。一定要特別介紹將自己定位為健康與美容零售商的「DARE 客戶聯通策略」：與眾不同（Different）、無所不在（Anywhere）、關係維護（Relationship）與親身體驗（Experience）。截至 2019 年底，屈臣氏在全球已經擁有 1.38 億名付費會員，我關注到一個數字，有 25% 的會員銷售額發生在 4% 的尊貴 Elite 會員，這 4% 會員的消費是普通會員 8

倍。這本書精彩釐清了屈臣氏如何與 VIP 會員建立密切關係，並時時掌握消費者對藥品美妝與大宗消費品的購物需求，創造與專賣店等競爭對手的差異化，結合 AI 技術提供個人化專業服務等跨世代策略，快買一本回家研讀，看看屈臣氏如何站穩零售市場的領先地位於不敗，繼續叱吒 FMCG 風雲 180 年。

致謝

首先，我要感謝我的夫人李凱倫，一直以來對我人生與事業無私地支持與鼓勵。在過去的 40 年，我有幸在歐洲、北美與亞洲先後從事醫療保健行業及慈善公益等不同領域，但充滿挑戰與滿足感的管理工作。

我特別感謝兩位行業翹楚為本書作序。陳志輝博士與韋以安先生對國際及大中華地區的青年企業家、管理者的培養都是享譽中外。在我任職香港智行基金會總幹事期間（2017 至 2018 年），曾與香港中文大學商學院市場學系專業應用教授陳志輝博士多次見面，並有幸聽取他研究華人企業傳承及公益、慈善事業管理的心得，讓我受益匪淺。其後我在書寫《香港西藥業史》時，訪問了曾在 1982 至 2006 年期間任職屈臣氏集團總經理的韋以安，這位現代全球保健與零售業先鋒，引發了我對香港企業全球化的興趣與撰寫此書的意向。之後，韋以安與我深入交談十多次，就他對消費者的趨勢、零售商業模式、全球化的策略與實踐中的學習等領域交換意見。

我也非常感謝香港恆生大學商學院管理學系系主任兼教授符可瑩博士，以及香港城市大學管理學系教授陳道博士，在學術上給予《街角的藥妝龍頭》一書初稿的評閱和建議，讓我在第二稿過程中豐富了全球化與管理學理論基礎，使本書的第二部分最佳管理實踐的章節描述更為專業。我也感謝好友吳大鵬

先生，在他多年的跨國公司財務管理經驗下，核實本書內的財務數據，以及趙嘉倫先生對本書的文字校對。在亞洲，一般商業或企業史都是由個別公司贊助、由時事從業者或歷史學者以撰寫家族史的形式出版。本書以企業管理者的角度分析一家接近兩個世紀的企業，在其面對戰爭、革命、金融風暴、疫情大流行等危機中，如何一次又一次地生存下來。最後，我感謝台灣聯經出版公司的陳芝宇總經理及陳冠豪編輯大力支持本書的繁體中文版出版，讓全球華人分享本書內容。

◉ 圖 1　帆船、澳門內港素描，屈臣氏醫生，約 1850 年，鋼筆和墨水
　　來源：鳴謝英國 Bonhams 畫廊。

前言

　　「屈臣氏」在歐亞多國包括大中華地區都是家喻戶曉的名字，與我們的日常生活息息相關。但是，當許多人得知屈臣氏已有 180 年的悠久歷史時，可能會感到驚訝。這段漫長的商業發展史，既豐富多彩也曾起落千秋，同時描述了中英企業家們在大時代下的營商理念、中國大陸的發展、社會責任、領導力等。「全球化」一詞在 20 世紀下半葉開始使用，筆者在 1992 年參加位於瑞士洛桑的國際管理學院（IMD）的全球化管理課程中，對「思維國際化、行為本土化」這個詞彙有所認知，並在日後工作中有機會實踐。

　　《街角的藥妝龍頭》一書的構思，始於作者對屈臣氏在 2000 至 2005 年間在歐洲的收購合併成就有所著迷，緣因筆者在 1980 年代初曾任職屈臣氏入口與西藥部市場部經理。筆者在研究亞洲最具標誌性的公司之一的屈臣氏發展史過程中，訪問了在過去曾擔任關鍵職位但已離職的前雇員。他們按已公開的資料，提供了個人對屈臣氏的見解，以及它如何應對世界、歐亞及中國風雲變幻下的市場動態與消費者趨勢。

　　本書分為兩個部分，第一部分介紹屈臣氏的商業歷史與過程，而第二部分則闡述締造屈臣氏全球化管理新思維。屈臣氏在其前 75 年具有壟斷地位的熱銷明星產品包括「荷蘭水」、疳積「花塔餅」和鴉片「戒煙藥」。然後經歷了 25 年的風風

雨雨，接著在 1941 年 12 月至 1945 年 8 月 3 年 8 個月的日本佔領時期被逼歇業。第二次世界大戰後，屈臣氏迅速恢復了其在香港領先的製造業和零售藥房地位。但在 1953 年韓戰結束後，東亞經濟再次萎縮，屈臣氏的業務發展緩慢。1963 年，「和記」國際成為它的最大股東，業務開始穩步成長。1973 年全球石油危機發生後，由於業務過度擴張，屈臣氏開始掙扎求存。

1981 年，李嘉誠先生作為大股東的和記黃埔有限公司，成為屈臣氏的全資控股公司（2014 年 1 月改稱長江和記實業有限公司，簡稱「長和」）。本書的大部分內容描述和分析過去 36 年，自 1984 年 12 月中英兩國政府簽署《聯合聲明》後，屈臣氏的管理階層如何制定與靈活執行全球化與風險分散的戰略。1982 年，當屈臣氏仍然是一家本地零售商時，英籍零售業資深管理者韋以安先生接任集團董事總經理。在他服務的 25 年間，成功領導了屈臣氏的飛躍，尤其是在 2000 到 2006 年的 7 年期間，屈臣氏在歐洲接二連三的購併，定調了它成為全球第三大藥妝連鎖王國。2014 年，新加坡主權基金「淡馬錫」成為屈臣氏的主要股東之一。翌年，屈臣氏開始面對電商，尤其是中國大陸阿里系的網購競爭快速取代傳統零售的趨勢。屈臣氏在投資 5 年後建立的「DARE」策略，無縫的在線上與線下與 1.3 億付費會員連結，終於在 2018 年底成功地扭轉形勢。

2020 年 3 月 12 日世界衛生組織（World Health Organization，簡稱 WHO）宣佈 COVID-19（或稱「新冠肺炎」）成為全球大流行病，其總幹事譚德塞博士在 7 月 31 日向

突發事件委員會致辭時指出：

> 這是百年一遇的健康危機，其影響將持續幾十
> 年。[1]

2020 年，屈臣氏全年營業及 EBIT 比起 2019 年分別下跌 6% 與 20%，主因是 2020 年上半年新冠肺炎疫情影響全球，於下半年才開始復甦。

面對變化的疫情，以及 Y 世代與 Z 世代消費者行為的新常態，許多全球化企業已經開展「戰略遠見制度化」來補充過往定期制定的 3 年策略性計畫。[2] 2021 年是屈臣氏成立 180 周年，亦是屈臣氏可以把握機遇轉型的一年，筆者祝願屈臣氏的管理者秉承其歷代先驅的企業家精神，勇攀高峰，邁向全球化藥妝業的頭號寶座。

第一部分

全球化的歷程

第1章

屈臣氏的誕生

1. 簡介

　　屈臣氏是亞洲與香港歷史最悠久及最具代表性的企業之一，其淵源可以追溯至1828年廣州、沙面十三行的船醫義診眼疾開始，1832年兼營草藥店（時稱「廣東大藥房」，Canton Dispensary）與裝置第一台蘇打泉資助診所的營運開支。[1, 2] 1841年，曾在廣東大藥房任職主診醫生的彼得·楊醫生（Dr. Peter Young）與亞歷山大·安德信醫生（Dr.Alexander Anderson），在第一次鴉片戰爭中，隨英軍登陸香港島上環水坑口，並臨時搭建棚屋診所兼草藥店，懸壺與供應醫藥及日用品予往來東方商船、水手與士兵。[3]

　　屈臣氏家族的屈臣氏醫生（Dr. Boswell Thomas Watson，1815-1860）在1845年首先來到澳門，然後在1856年與家人移居香港，加入「香港大藥房」（簡稱「大藥房」）成為主要合夥人（圖3）。他的侄兒亞歷山大·斯基文·屈臣氏（Alexander Skirving Watson，簡稱小屈臣氏）2年後來到香

港，他優化了大藥房的產品與服務，並在廣州與上海開業，
從此奠定了大藥房的發展方向。1886 年是屈臣氏的一個里程
碑，註冊為有限公司，從此可以在市場上融資。1896 年，堪
富利士長子亨利（Henry Humphreys，1867-1943，或稱小堪富
利士）繼位，積極發展屈臣氏的零售、批發與製造業務。

2. 屈臣氏大藥房

　　1842 年，中英簽署《南京條約》，清政府割讓一個只有幾
千人的小漁村香港島予英國，繼而新成立的「維多利亞市」成
為華南地區通往全球的鴉片與礦石的轉運港。[4, 5] 1843 年初，
棚屋草藥店在港島金鐘摩根船長市集（Morgan Bazzar）以
「香港大藥房」名稱正式開業。1845 年，大藥房搬往中環皇后
大道中 16 號，從此奠基了往後的發展。大藥房創辦人之一彼
得‧楊的弟弟詹斯‧楊（Dr. James Hume Young）也是一名外
科醫生，同時擔任大藥房草藥師兼經理。[6, 7] 1848 年，香港有
18 名中草藥師及 6 名西草藥師，本地大多數華人都將中醫藥
作為其傳統生活的一部分，對科學沒有認識，視西醫藥為後備
方案。

　　到了 1850 年，維多利亞市已具雛型，在遠東地區成為大
英帝國的一個橋頭堡與商埠，東方之珠冉冉升起。當年，詹
斯‧楊離開香港前往福州行醫，大藥房經營權因此轉至普勒
斯頓醫生（Dr. William Preston）手上。香港當時為遠東地區
一個鴉片與礦石轉運港，屈臣氏供應商船藥品與日用品的業
務日趨繁盛，同時英籍與西方商人駐港也有增加。1857 年，

大藥房正式以小屈臣氏的英文姓與名字的縮寫（A.S.Watson & Co.）經營。1866 年，約翰・大衛・堪富利士（John David Humphreys，1837–1897，簡稱堪富利士）加入大藥房，並在 1874 年成為屈臣氏的東主。

屈臣氏家族

　　屈臣氏家族源自英國蘇格蘭地主望族，族譜如下（圖表 1）。[8, 9] 斯科特（Alexander Scott）與博斯韋爾（Thomas Boswell，即屈臣氏醫生）在老屈臣氏（James Watson）的 6 名孩子中排行第一與第三。1834 年 5 月，斯科特 25 歲時，從蘇格蘭到歐洲波蘭任職於波蘭銀行在西利西亞省的工廠與鑄造廠擔任工程師。當斯科特安頓下來後，旋即安排他的未婚妻凱德利（Agnes Keidslie）到華沙（Warsaw），並在當年 7 月 19 日成婚。斯科特與凱德利的 7 個孩子包括排行第三的小屈臣氏，都在波蘭西利西亞省棟布羅瓦古市（Dabrowa）出生。

　　在 1845 年，屈臣氏家族第一名來到東方的成員是屈臣氏醫生，畢業於英國蘇格蘭愛丁堡大學醫學系。他抵達澳門後隨即接手安德信醫生的診所。屈臣氏醫生的妻子，伊莉莎白（Elizabeth，父姓 Stedman）在第二年來到澳門會夫。1848 年，屈臣氏醫生寫信給在蘇格蘭的姐姐提及關於他在澳門的事一切事宜：

　　　　除了葡籍人士外，加上我們自己，只有四個家庭和
　　一、兩位美國人和法國人。[10]

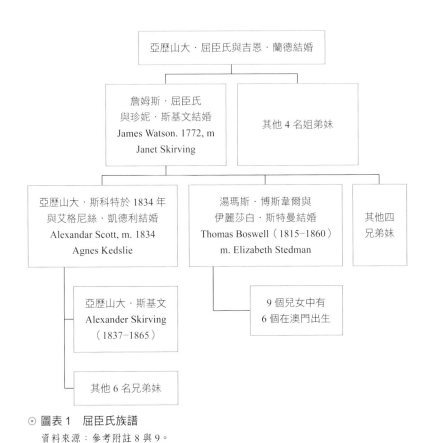

⊙ 圖表 1　屈臣氏族譜
　資料來源：參考附註 8 與 9。

　　屈臣氏醫生也是一位業餘藝術家，與當時著名的錢納里畫家（George Chinnery，1774-1852）亦師亦友；他們的友誼一直持續到錢納里於 1852 年逝世為止。1857 年，屈臣氏醫生的健康每況愈下，他聯繫了在波蘭的胞兄斯科特，並邀請其三子小屈臣氏來港，接手他經營的大藥房業務。1858 年 10 月，小屈臣氏 22 歲時來到遠東的維多利亞市，開始熟悉外洋輪船藥

品與日用品經營業務。翌年，屈臣氏醫生返回蘇格蘭，並在
1860 年 44 歲時病逝於愛丁堡。

　　小屈臣氏來華的 3、4 年時間，成功地把大藥房的業務在
香港、廣州、上海三地發展起來；到了 1862 年，屈臣氏與大
藥房的名字在三地藥房並列，從此奠定了往後屈臣氏品牌的跨
世紀發展。他的姓名從此與中國大陸與香港的零售藥房結了不
解之緣。1865 年，小屈臣氏在慶祝大藥房成立 25 周年之後，
把業務轉讓與貝爾（Bell）並返回英國。他也不幸地在 28 歲
時、1866 年 11 月 29 日於倫敦過世。

大藥房的興旺

　　1841 年，大藥房在港島上環水坑口棚屋臨時開業後，另
一位英國蘇格蘭籍的外科醫生馬班士（Samuel Majoribanks）
加入成為夥伴。1847 年，大藥房在其兩位創始人楊與安德信
醫生的鼓勵下到廣州分開設店。兩位常駐代表中，一位是馬班
士醫生、另一位葡萄牙裔澳門人蘇沙（A.de Souza）為藥房經
理，後者在 1850 年離開廣州轉往上海出任「大英藥房」第一
任草藥師。1856 年，大藥房的普勒斯頓醫生（Dr. Preston）授
權當時在滬行醫的英籍勞惠霖（J.Llewellyn）外科醫生，在上
海南京路 1 號（現和平飯店南樓）用大藥房的商號營銷屈臣氏
進口的西藥。4 年後，勞惠霖從上海移師往寧波前，把大藥房
的經營權轉讓給了科比（E.C. Kirby）。

　　但科比一心想另起爐灶，並以 J.Llewellyn & Co. 的名稱
向上海市工部局註冊，英文商號則改為 Shanghai Medical Hall

（中文為「老德記」），商業登記為第一號企業。小屈臣氏當機立斷，立刻委任由祁立夫（S.W. Cleave）成立的祁立夫公司（Cleave & Co.），授權延用大藥房的商號在南京路 16 號繼續營運。1867 年，堪富利士來到香港加入由貝爾經營的大藥房任職會計；2 年後，堪富利士與亞瑟‧亨特（Arthur Hunt）接手大藥房。同年，他們努力經營大藥房的成績獲得香港港督與英國愛丁堡公爵指定的官方「化學師」肯定。1871 年，堪富利士與亨特商量後決定以屈臣氏商號經營大藥房的業務。堪富利士為一位天生的企業家，1874 年，他接手了亨特的股份，成為大藥房的唯一股東，認識了眾多英籍、印度籍、歐亞猶太裔的商業人士，成為他日後的融資對象。[11, 12]

堪富利士旋即開始投資在飯店與房地產的專案，但他對零售藥房的業務情有獨鍾，還把香港出生的長子小堪富利士培養為接班人，初中畢業後送到英國寄宿學校繼續學業並選修藥劑學，接管屈臣氏大藥房的業務（詳見第 10 章）。

雖然進口荷蘭水、家庭用西藥與進口西藥的代理業務相繼為堪富利士帶來了可觀的利潤，但他認為長期依賴海運將荷蘭水與西藥運來亞洲，在價格與數量上都不能滿足中國大陸消費者的要求。同時，堪富利士為了進一步拓展屈臣氏上海的業務，他在 1882 年委任大衛（John Davey）為上海大藥房經理，鐘斯（James Jones）為助理。1883 年，又在菲律賓馬尼拉成立分公司；翌年，屈臣氏在菲律賓馬尼拉開設藥房及汽水廠。在國內，為了讓消費者與客戶對屈臣氏經營的零售與批發、進口業務有所認同，各地開設的藥房均以當地的地名命名，例如廣州大藥房、上海大藥房等。在菲律賓，藥房名

稱則為英國藥房（西班牙文 Botica Inglese，英文 English Drug
Store），用以區別當時眾多德國人在馬尼拉經營的藥房。[13, 14]
屈臣氏在菲律賓生產的飲料和蘇打水，成為「城中的熱門的話
題」，提到其業務時如下所述：

> 　　該工廠每天的產能為 15,000 瓶水，它包含了所有
> 知識和經驗能夠改善的流程和結果……，以及他們無
> 與倫比的卓越生產工藝，證明了該公司在東方的業務
> 環境中所佔據的領導地位。屈臣氏的美味飲料被發送
> 到菲律賓各地，並且在向馬尼拉的任何飯店或酒吧訂
> 購檸檬水、薑汁汽水、蘇打水或其他無酒精飲料時，
> 屈臣氏品牌的飲料肯定會被提及。[15]

首次公開募股

　　1885 年，堪富利士積極部署屈臣氏的前瞻性地域拓展計
畫，他把部分股份出讓與在商界的朋友，套現後把這些資金投
資在香港的房地產開發，以及澳洲的金礦開採營運費用。堪富
利士第一輪的增資對象為英籍商人，他們對殖民地執行的英國
法律與會計制度較為熟悉；更重要的一點是，商業文化對合約
和股東協定有高度的依從性。到了年底，屈臣氏在中國大陸廣
州、上海、福州、天津及菲律賓等地均設有直屬分店。

　　1886 年 1 月 16 日，屈臣氏在香港公司註冊處註冊，成為
當年第 15 號的有限公司（A.S. Watson & Co. Ltd.）。堪富利士
父子有限公司（J. D. Humphreys & Son Co. Ltd.）成為屈臣氏

單一最大股東，其他投資者因業務有獲利，樂於讓堪富利士繼續擔任總經理一職，以發揮他的商業才能。堪富利士從投資者那裡進行股票首次公開發行（Initial Public Offering，IPO），籌集接近40萬港元（按2018年的價格估算約為4,280萬港元），於當年下半年投資於上海的藥房和藥廠。同時，堪富利士雄心勃勃，意欲立足香港，把屈臣氏打造為亞洲和中國領先的西藥、飲料零售、批發和製造龍頭。[16]

1889年初，小堪富利士21歲時，在英國獲得藥劑化學師資格，翌年回港，在家族的屈臣氏大藥房出任藥劑師經理一職。他的第一個任務，是執行其父親長期孕育、但尚未實踐的品牌戰略：

- 屈臣氏洋酒類、蘇打水飲料、嗎啡戒煙藥等的商標註冊（圖2）。[17]
- 積極推廣家庭藥，例如屈臣氏花塔餅驅蟲藥（詳見本章第5節）。[18]

3. 堪富利士家族業務多元化與屈臣氏明星產品

從1874到1895年，堪富利士家族在香港的商界建立了良好的聲譽，其投資涉及房地產、零售和製造業等領域。堪富利士不單只是商人，也是一位活躍的社會活動家，他在香港與上海分別擁有多匹良駒。雖然他以香港為基地，每年總會到中國大陸多個城市巡視業務，他在上海的時間最長。1892年，香港的苦力注射嗎啡作為鴉片的「戒煙藥」，促使屈臣氏的業

務突飛猛進。[19] 屈臣氏旋即生產自有品牌的戒煙藥，透過批發商，產品行銷遠東（詳見本章第 6 節）。

THE HONGKONG GOVERNMENT GAZETTE, 11TH MAY, 1889.　427

GOVERNMENT NOTIFICATION.—No. 228.

Notice is hereby given that Messrs. A. S. WATSON & CO., LIMITED, of Victoria, Hongkong, have complied with the requirements of Ordinances 16 of 1873, and 8 of 1886, for the registration in this Colony of their Marks as applied to Wines, Spirits, Liquors, Medicines, Perfumes, Erated Waters, and other articles of a Dispensing Chemist and Druggist, as more particularly set forth in the following Schedule and that the same have been duly registered, viz.:—

SCHEDULE.

1. Watson's Vin de Quinquina.
2. Do.　Prickly Heat Lotion.
3. Hongkong Tai Yeuk Fong Hair Wash (English and Spanish.)
4. Watson's Chiretta Bitters.
5. Do.　Tonic Bitters.
6. Watson's Finest Selected Old Scotch Malt Whiskey (Mellow Brand) "Glenorchy."
7. Watson's Finest Selected Old Scotch Malt Whiskey "Aberlour Glenlivet."
8. Old Irish Whiskey (A quality.)
9. John Jameson's Fine Old Irish Whiskey (B quality.)
10. Very fine Old Irish Whiskey (C quality.)
11. Watson's H.K.D. Blend of the Finest Scotch Malt Whiskies (D quality.)
12. Watson's very Old Liqueur Scotch Whiskey (E quality.)
13. Finest Old Jamaica Rum.
14. Superior very old Cognac Brandy (B quality.)
15. Very old Liqueur Cognac Brandy (C quality.)
16. Hennessy's Finest very old Liqueur Cognac Brandy 1872 Vintage (D quality.)
17. Sherry Pale Dry (Light Dinner Wine (A quality.)
18. Sherry Superior Pale Dry (good) Dinner Wine (B quality.)
19. Sherry Natural Manzanilla (superior quality) (C quality.)
20. Sherry superior Old Pale Dry (C quality.)
21. Sherry very superior Old Pale Dry (D quality.)
22. Sherry extra superior Old Pale Dry (E quality) very finest quality old bottled.
23. Genuine Breakfast Claret (A quality.)
24. St. Estephe (B quality).
25. St. Julien (C quality.)
26. La Rose (D quality.)
27. Thorne's Blend Old Scotch Whiskey.
28. John Jameson's Old Irish Whiskey.
29. Fine Old Irish Whiskey.
30. Hennessy's Old Pale Brandy.
31. Finest Old Jamaica Rum.
32. Finest Old Genuine Bourbon Whiskey.
33. Finest Old Tom Gin.
34. Pale Dry Creaming Champagne (Brand G. R. S. & Co., Epernay.)
35. Pot Brand with Name, Address and Trade Mark printed on.
36. Watson's Phosphoric Champagne.
37. Lithia Water.

38. Effervescent Gingerade.
39. Sarsaparilla Water.
40. Sparkling Raspberryade.
41. Seltzer Water.
42. Ginger Ale.
43. Tonic Water.
44. Soda Water.
45. Lemonade.
46. Pure Supercarbonated Potash Water.
47. Watson's Mineral Tonic Water.
48. (Chinese) White Face Powder No. 140.
49. (　,,　) Rouge Powder　No. 128.
50. Watson's Anthelmicetic Bon-Bons or Worm Tablets No. 132 (Label printed in English and Chinese) ......$1　,,
51. Do.　do.　50 cts.　,,
52. Do.　do.　25　,,　,,
53. Do.　do.　10　,,　,,
54. Worm Bon-Bons (Chinese.)
55. Watson's Anthelmicetic Bon-Bons or Worm Tablets.
56. Watson's Infant's Food (Chinese.)
57. Envelope for Ching Fun (Chinese.)
58. Watson's Florida Water (Chinese) 30 cts. size.
59. Do.　(Do.)10　,,
60. Opium Smoker's Cure Pills No. 201 (Chinese) $1　size.
61. Do.　Do.　50 cts.　,,
62. Do.　Do.　25　,,　,,
63. Do.　Do.　10　,,　,,
64. Opium Smoker's Cure Lozenges No. 202 (Chinese)......$1　size.
65. Do.　Do.　50 cts.　,,
66. Do.　Do.　25　,,　,,
67. Do.　Do.　10　,,　,,
68. Red Face Powder No. 203 (Chinese.)
69. Hand-bill for Red Face Powder No. 203 (Chi.)
70. Do.　Pink Colour　do.
71. Do.　Blue　do.　do.
72. Do.　Wh. Face Powder No. 140 (Chi.)
73. Do.　Rouge Powder No. 128 (Chi.)
74. Do.　Opium Smoker's Cure Pills No. 201 (Chinese.)
75. Do.　Opium Smoker's Cure Lozenges No. 202 (Chinese.)
76. Do.　Bon-Bons No. 132 (Chinese) large size.
77. Do.　Bon-Bons No. 132 (Chinese) small size.
78. Watson's Oriental Tooth Powder.

&c.,　　&c.　　　&c.

By Command,

FREDERICK STEWART,
Colonial Secretary.

Colonial Secretary's Office, Hongkong, 7th May, 1889.

⊙ 圖 2　1889 年，屈臣氏註冊商標涵蓋的產品
來源:《香港政府憲報》。

到了 1895 年，屈臣氏以專賣經營的方式，在中國大陸、香港及台灣建立了 65 家的藥房零售網路，分銷屈臣氏自己配製的品牌汽水、花塔餅、戒煙藥和進口保健品，包括世界著名的「七海魚油」。[20] 小堪富利士在父親的指導下，行銷屈臣氏品牌產品 7 年後，他也準備就緒，接任他父親的位置與社交網絡。1896 年，小堪富利被任命為堪富利士父子有限公司（簡稱「堪富利士公司」）的董事兼總經理職位，並出任旗下附屬公司的董事會主席或董事兼總經理職責，業務包括：

- 屈臣氏有限公司，山頂纜車有限公司（其後轉讓給嘉道理家族）。
- 澳洲巴爾莫勒爾（Balmoral）金礦與其他礦業公司業務。
- 此外，亦成立「堪富利士房地產與財務有限公司」（Humphreys Estate & Finance Co. Ltd.）專門投資於香港中半山、尖沙咀等高級物業住宅租賃。

4. 荷蘭水：亞洲的首個汽水生產者

1832 年，廣東大藥房為中國大陸境內第一家裝置「蘇打泉」的草藥店。據說，19 世紀初，第一次進口廣州的汽水是來自荷蘭的商船，因而被本地人稱為「荷蘭水」。[21, 22] 1858 年，三位葡裔人士科達斯（J.F.deCosta）、埃薩（D.A. d'Eca）、阿澤維多（F.d'Azevedo），成立了香港汽水公司（HongKong Soda Water Company），主要進口歐洲製造的汽水。[23]

1875 年，屈臣氏在港島中環史丹尼街 1-3 號的廠房為本地

第一家藥廠，翌年增產蒸餾水與汽水。1876 年，屈臣氏在香港自置藥廠生產六種口味的汽水，10 年後在上海也建立了藥廠生產汽水。此後，汽水成為上海、香港的英籍官員、外籍商人與崇尚西方的本地富商巨賈宴會必備的飲料。1883 年，屈臣氏的業務推廣至菲律賓、馬尼拉，並在翌年開設藥房及汽水廠。當年，旅居在上海的杭州文儒葛元煦，在其 1887 年出版的《滬遊雜記》中提到當時上海售賣汽水的場景：

> 夏令有荷蘭水、檸檬水，係機器灌水與汽入於瓶中，開瓶時，其瓶塞層向外爆出，因此要慎防彈中面目。隨到隨飲，可解散暑氣。[24]

荷蘭水為一典型銷售速度快，價格相對較低的消費品（Fast Moving Consumer Goods，簡稱 FMCG 也稱為民生消費性用品）。其他的外資藥房，例如德建藥房（Dakin Dispensary）、德商科發藥房（Koeffer Dispensary），以及當地的華資投資者，也加入戰局搶奪市場，一時令市場業務更趨熱鬧。

雖然屈臣氏汽水的產品配方簡單：蒸餾水、果汁（或調味劑）、砂糖等，其產品定位為優質的汽水，包括品質選料規格嚴謹、高純度的蒸餾水、容器包裝密實，得以預防瓶內液體洩漏，且易於運輸、儲存和不易破碎的品牌保證。縱使市場上的競爭對手頗多（表1），但屈臣氏具備先天性的優勢，如本身在港島北角的汽水廠設有蒸餾設施、太古洋行附近也擁有糖廠。至於濃縮果汁的陶罐、炮彈瓶、軟木塞、灌裝機械等，均從英國倫敦的分公司向工廠直接採購而不經仲介（圖3、4）。

屈臣氏開始時依賴人力推拉的四輪木頭車，後來投資了車隊運輸瓶裝汽水，從出廠可以快速送達零售門市。這個市場進入門檻在於設備投資、工藝、品質控制、供應鏈與車隊、營業與推廣等的一條龍服務，不是當時一般中小企業能輕易跨入的行業。

⊙ 表1　屈臣氏在市場上的主要競爭汽水品牌

時期	香港	華東，包括上海	廣州
1850-1900 年	1876 年，德建 1876 年，屈臣氏	1886 年，上海屈臣氏 1892 年，上海正廣和 1902 年，天津山海關	約 1890 年，廣州屈臣氏
1901-1920 年	1907 年，安樂、廣生	1906 年，蘇州瑞記 1909 年，上海惠華	1932-1934 年，太平、先施、衛生、中華
1921-1940 年			

資料來源：北京科版《國產汽水百年史》、《香港華洋行業百年 —— 飲食與娛樂篇》。

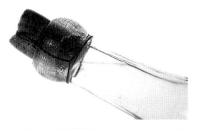

⊙ 圖3　20世紀初的屈臣氏荷蘭水玻璃「炮彈瓶」
來源：作者私人圖片。

⊙ 圖4　炮彈瓶瓶口固定，瓶口由鐵線把水松木塞捆綁
來源：作者私人圖片。

5. 香草糖果：疳積花塔餅

1849 年，美國藥劑師輝瑞（Charles Pfizer）與他年長3 年任職糖果師傅的表哥埃哈特（Charles Erhardt），在美國

成立輝瑞藥廠生產山道年驅蟲藥糖果（山道年，英文藥名為
Santonin，是一種在中亞地區的菌蒿花提取物，作為驅腸蟲之
用，尤其是對蛔蟲特別有效）。當時，華南地區飲食與衛生條
件很差，大人與小孩都容易感染寄生蟲。1889 年，小堪富利
士在英國成為藥劑師後回到香港，發現市場上沒有有效的驅蟲
藥，迅即按照《英國藥典》內的山道年藥品標準配製方法，
成功仿製生產驅蟲藥劑。為了讓兒童接受山道年為驅蟲口服
藥物，屈臣氏香草糖果 —— 疳積花塔餅，按法式糖果製造方
法，製作成不同顏色的小螺旋塔形糖果藥劑（圖 5）。

⊙ 圖 5　屈臣氏疳積花塔
餅家庭藥造型
來源：鳴謝上海民國醫藥
文獻博物館。

　　1889 年 5 月 11 日，屈臣氏在《香港政府憲報》上刊登了
78 個已符合殖民地政府商標註冊，並由其藥廠生產與包裝的
藥品、酒類、汽水、香水與其他消費品。屈臣氏把疳積花塔餅
家庭藥品的廣告與內容註冊為其商標，目的是提防刻意假冒商
標的不道德商人（圖 6）。

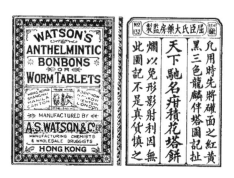

◎ 圖 6 1889 年，商標正面與後面
來源：《香港政府憲報》。

　　這個家庭藥是小堪富利士的代表作，從配方、選料、工藝、設計、包裝、廣告、行銷、運輸的一條龍產業鏈，奠基了未來屈臣氏藥品發展的跨世紀市場垂直整合。風行國內與東南亞的屈臣氏疳積花塔餅家庭藥，在百年後的 1986 年，因為藥廠火災才壽終正寢。

6. 鴉片戒煙藥

　　鴉片煙槍是身份與地位的象徵（圖 7）。[25] 據估計，在 1880 年，香港有四分之一成年男性人口是鴉片煙吸食者。因此，戒煙藥的推廣，是眾多西藥經銷者包括屈臣氏都會參與的業務（圖 8）。1892 年，英國醫療傳教士諾瑪・科爾（Norman Kerr）的信徒們在香港引進嗎啡注射針劑，向搬運工人等體力勞動者（俗稱「苦力」）提供了廉價、低純度的鴉片煙渣的替代品。他們發覺從本地藥房買來嗎啡原料、蒸餾水、針管，

⊙ 圖 7　19 世紀，景泰藍鴉片煙槍（煙槍上有兩條五爪金龍，
此紋飾當時僅限清皇室使用）
來源：鳴謝香港警隊博物館。

房藥大氏臣屈

探選妙藥精
製各項膏丹
丸散藥油藥
酒藥水藥餅
藥冰香油香
水馳名戒烟
精粉另有泰
西各種奇玩
製藥器皿玩
器什物發售

⊙ 圖 8　屈臣氏戒煙藥廣告
來源：《循環日報》，香港，1882 年 3 月 13 日。

以針頭注入皮下更為便宜，可以降低 80% 以上的成本。1893年，香港 16 萬的華人中，約有 4 萬到 6 萬人為鴉片吸食者，佔人口 25% 至 37%。[26] 當年的第二季後被廣泛使用，平均每天注射兩針的人數有 1,000 人。[27] 這種戒煙藥在未經監督下，很快地造成了許多傷亡；同時，注射嗎啡的行為也直接影響到本地專利鴉片煙商的合法營業與利潤。

1893 年 5 月，「鴉片農夫—厚福行」法定代表專利鴉片煙商向時任殖民地庫務司表達他們的訴求，因為大量的鴉片癮者已轉向注射嗎啡針，使鴉片煙的專利營業生意大跌並造成虧損。[28, 29] 有鑑於此，香港政府迅速通過立法，並在同年 9 月 23 日，於《香港政府憲報》上刊登了《鴉片法規》，禁止未經授權的人士注射嗎啡製劑的作法（圖 9），但此法規沒有禁止出口嗎啡類戒煙藥到香港境外地區。中國大陸當時包括上海公共與法租界內沒有管制戒煙藥，上海的英資藥房不敵華資藥房的靈活經營手法。

7. 總結

從開埠以來，香港殖民地時期的行政、立法、司法、金融、市政、西藥業監管等制度，都是由英國複製而來。對屈臣氏與其他英資企業而言，在香港殖民地經商有著得天獨厚的禮遇。香港的稅收主要來源為鴉片專賣稅、土地拍賣收入等，支撐著殖民地政府的營運。

從 1841 至 1896 年，屈臣氏的三代領導階層：彼得·楊與亞歷山大·安德信醫生、小屈臣氏與堪富利士，建立了企業的

No. 13 OF 1893.

An Ordinance enacted by the Governor of Hongkong, with the advice and consent of the Legislative Council thereof, for the suppression of the pernicious practice of injecting preparations of Morphine by unqualified persons.

(LS) WILLIAM ROBINSON,
Governor.

[23rd September, 1893.]

Preamble.

WHEREAS it is desirable to forbid, in this Colony, the practice of injecting Morphine except in cases where such treatment has been prescribed by some duly qualified medical practitioner, and to make provision for effectually suppressing such practice.

Be it enacted by the Governor of Hongkong, with the advice and consent of the Legislative Council thereof, as follows:—

Short title.

1. This Ordinance may be cited as *The Morphine Ordinance, 1893.*

Interpretation.

2. For the purposes of this Ordinance—

Morphine shall include Morphia and all salts of Morphine and any solution thereof that can be used as an injection, but not preparations for ordinary internal use containing Morphine as an ingredient but not suitable for purposes of injection.

Duly qualified Medical Practitioner shall mean a practitioner registered under "The Medical Registration Ordinances 1884 to 1893."

Chemist or Druggist shall mean chemist or druggist holding an European or American certificate of qualification.

Administration of morphine forbidden in certain cases.

3. Any person, who shall administer by injection any Morphine to any other person, except in cases where the same has been prescribed by some duly qualified medical practitioner, shall, on conviction before a Magistrate, be liable in each case to a fine not exceeding fifty dollars or to imprisonment with or without hard labour not exceeding two months.

Onus of proof.

The onus of proving the exception shall lie on the person so administering the Morphine.

Furnishing morphine.

4. Any person, who shall, except in cases where Morphine has been prescribed by some duly qualified medical practitioner, furnish Morphine to any person, except to a duly qualified medical practitioner or to a chemist or druggist shall, on conviction before a Magistrate, be liable to a fine not exceeding fifty dollars, or to imprisonment with or without hard labour not exceeding two months.

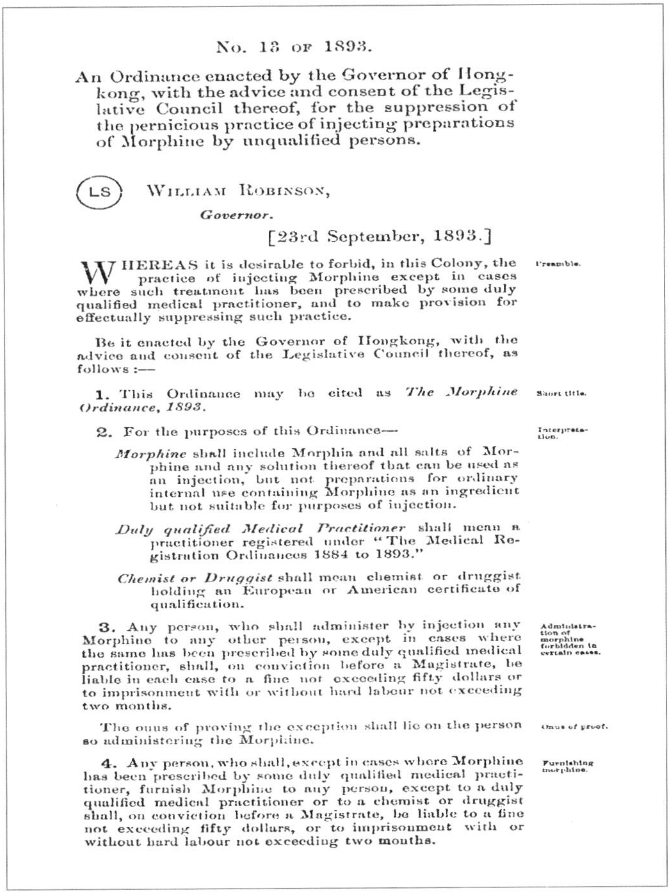

⊙ 圖 9　1893 年，《鴉片法規》

來源：《香港政府憲報》。

核心價值、熱誠和幹勁，銘記對股東的承諾、信任與尊重，以及用事實與創新的思維去完成目標。小堪富利士在 1896 年 30 歲時，成為堪富利士家族的繼承人與屈臣氏的掌舵者。他接手時，1893 年的《鴉片法規》已實施 3 年，屈臣氏與香港寥寥

可數的西藥房成為得天獨厚的戒煙藥專賣店，而出口台灣與東南亞各地的業務，也因為屈臣氏的品牌效應，客似雲來。

在這 56 年間，屈臣氏跨越的第一個里程碑，是於 1886 年在香港註冊成為有限公司，從此建立融資管道與接受股東們的監督，展開企業化經營，建立一家集零售、批發、製造和營業為一體的藥品與民生消費性用品企業。它就好像一隻長期會生金蛋的蛋雞，源源不絕的利潤支援堪富利士家族在香港房地產、零售、中國大陸市場的發展，以及於澳洲投資金礦開墾的資金來源。這個情景就好像曼尼攝影集中的長江救生船，在湖北面對風平浪靜的氣候，緩慢前進的情景。

第 2 章

清末民初的
艱難歲月

1. 簡介

　　1897 年是屈臣氏和全球製藥業歷史上非凡的一年。小堪富利士開始擔任屈臣氏董事會主席的第一年，德國拜耳化工廠在 2 週內發明阿斯匹林和海洛因止痛藥。[1] 然而，海洛因成為繼嗎啡後另一個鴉片戒煙藥，為屈臣氏的製藥部門帶來豐厚的利潤，避過 1897 到 1911 年期間兩度的義和團事件，以及辛亥革命帶來的業務衝擊。

　　在北京發生的義和團暴亂，導致屈臣氏於 1901 年夏天在北京大柵欄街的英國大藥房被焚毀。在中國大陸，屈臣氏被迫離開北京，轉往上海積極建立華東業務，發展江蘇、浙江、上海地區與華南、中南區的業務。1909 至 1911 年期間，華中大雨引發長江中游的水災、上海股票交易所的橡皮期貨崩盤導致經濟危機，以及孫中山先生領導國民黨組織的武昌起義，導致滿清帝國在 1911 年 10 月 10 日瓦解等，接二連三的天災、人禍引發中國大陸混亂的局面。國家貨幣在 1 年之內貶值了

50%。屈臣氏突然面臨前所未有的財務困境，100 多家遍佈全國各地、掛著屈臣氏牌匾的聯名藥房沒有能力償還貨款。

　　之後發生第一次世界大戰，屈臣氏因為受到戰略物資例如砂糖的禁運導致汽水與糖漿的停產，業務萎縮；接著 1920 年代的省港澳工人大罷工、1929 至 1933 年的大蕭條、1937 至 1945 年日軍侵華戰爭一波又一波的災難。雖然屈臣氏從 1909 至 1933 年的業務完全沒有機會更上一層樓，可幸的是屈臣氏的頑強鬥志，令它始終可以生存下來。

2. 小堪富利士的第一個十年，1897 至 1908 年

　　1897 年，小堪富利士在上任後的翌年，策略性部署公司的持續性發展計畫，落實蒸餾水與荷蘭水增產，中西家庭藥的品種多元化和擴大分銷戒煙藥的國內外管道。他在迎接新時代的開始之際，出版了第一版屈臣氏袖珍日曆分送合作夥伴（圖 10、11）。20 世紀之初，屈臣氏作為寶威藥廠的中國分銷商，其產品系列增加了止痛藥和止咳藥的組合。許多藥癮者很快發現海洛因藥片比嗎啡強效得多，成為新的戒煙藥。[2]

　　1901 年，屈臣氏慶祝其 60 周年慶典之際，1901 年夏天，在北京大柵欄街的大英藥房被義和團暴徒燒毀，在華北的零售和批發業務受到嚴重破壞。小堪富利士當機立斷，放棄華北北京與天津的市場，立刻重新置放上海分公司；除了江浙滬地區的經營外，還支持華北零售客戶的中心。隨著中國大陸業務恢復正常，小堪富利士繼續執行屈臣氏的品牌建立策略。[3] 到了 1908 年，屈臣氏在香港歷山大廈（Alexandra Building）大藥

⊙ 圖 10　1897 年，屈臣氏年曆封面、封底

　　來源：鳴謝韋以安，私人收藏。

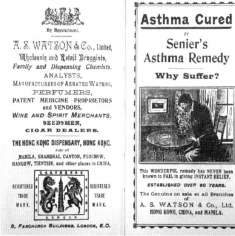

⊙ 圖 11　1997 年，仿製 1897 年屈臣氏年曆內頁

　　來源：鳴謝韋以安，私人收藏。

房的零售業務，其美輪美奐的裝潢與豐富的產品展示，一時成
為從東南亞海峽殖民地到中國上海的熱門話題（圖 12）。1908
年《香港手冊》一書的報導如下：

◉ 圖 12　1909 年，屈臣氏併購了上海大英藥房虹口的
McTavish & Lehmann 分店
來源：鳴謝 Raymond Forward。

　　被稱為「亞歷山大」的建築物，氣勢宏偉，該大樓
的一層和二層是由「屈臣氏」有限公司經營的「香港
大藥房」、汽水製造商所租用。訪港旅客可以到訪香
港大藥房，事先為他們的下一個航程採買各種盥洗用
品、藥品、香水、煙酒、雪茄和非常優質的葡萄酒，
價格方面更可媲美在英國或在沿途的任何地方。該零
售藥房具有最現代的家居風格，其營業品種以及存貨
量幾乎可以與倫敦任何一家最大型的零售企業看齊。[4]

3. 清末民初的艱難歲月，1909 至 1911 年

　　到了 1909 年，屈臣氏在中國和菲律賓擁有 100 多家連鎖零售藥店，也是眾多歐美藥廠知名品牌在遠東地區的獨家轉銷商，包括英國的「司各脫」魚肝油，其自家屈臣氏品牌的荷蘭水、花塔餅、戒煙藥等，為其服務市場中的熱銷產品，風行主要城市，一時無人能與之匹敵。

　　但在上海，鴉片戒煙藥市場競爭日趨白熱化，當地企業家為了雄霸市場，也從德國進口海洛因原料，大量生產鴉片戒煙藥，同時降低了價格，從而獲得了鴉片戒煙藥業務的大量份額。外資藥房由於雇用高薪的國外藥劑師與較高的營運成本，無法在價格上競爭，許多因此虧損關閉。屈臣氏因為具有規模優勢，乘機於 1909 年初併購了上海的虹口藥房，其英籍藥劑師兼總經理曼尼（Donald Mennie）加入屈臣氏，並兼任上海藥房的經理（圖 13）。[5]

　　可惜的是，接著在 1909 與 1910 年，華東及華中地區大雨成災，長江中游氾濫，糧食短缺、大米價格爆升，數百萬饑民引發經濟蕭條。1910 年 7 月，上海的橡皮股票大跌，進一步造成金融危機，屈臣氏在全國各地一百多家聯名藥房的呆賬令資金供應中斷，同時在菲律賓的投資在 1909 與 1910 連續兩年虧損，成為沉重的包袱。1911 年為屈臣氏的轉捩點，面對當時席捲中國大陸的辛亥革命，西藥零售與批發業務一落千丈。小堪富利士在屈臣氏第 27 次普通股東周年大會上，詳細彙報了 1911 年的年度業績：

⊙ 圖 13　1910 年，香港中環，歷山大廈
來源：鳴謝 Gwulo。

當你在看財務報表時，第一件可能會讓你感到沮喪
的事情，是馬尼拉與在中國大陸（上海）的大英藥房
及其分店都面臨非常沉重的虧損，尤其是前者。我們
認為馬尼拉的損失雖然令人擔憂，但不可避免。在
業務量削減的過程中，我們有信心維護股東的最大利
益，同時也很幸運地出售藥品業務，並對待價而沽的
汽水業務持續關注。

否則，進一步的延遲只會增加我們的貿易損失，幾乎可以肯定的是，最終的資本損失將會更大。我們已經開始感受到出售這些分支機構將可帶來極大的好處，它們在過去數年期間，使得香港業務的負債逐年惡化，而沒有任何相應的貿易利潤遞增。

我們得出的總結是，在這一地區的貿易條件改變下，公司的全部精力應該集中在香港和廣州，在那裡可以保持有效的監督。有了這個目標，一旦有合適的機會，所有周邊分支機構將立即關閉。現在小型藥房的性質和範圍，是使收支平衡相抵以維持生計，除非由個體老闆獨自經營，否則這樣經營的業務方式將很難維持。而且屈臣氏的外籍員工眾多，即使具有高品質的勞動素質，其高昂的人力成本亦為公司營運帶來沉重負擔。

雖然所有營業單位的競爭將會日趨激烈，但憑藉我們所擁有的經驗和設施，我們有信心不僅在香港和廣州繼續保持良好業績，而且當我們退出所有偏遠分支機構時，會開始取得更好的成果。事實上，它們已經開始表現出來，上海的營業年度出乎意料地糟糕。此外，在香港三個部門中有兩個部門的營業業務（藥房、藥品與汽水），也因為中國革命而受到嚴重影響。[6]

此為屈臣氏自 1841 年成立以來面對最大的危機，這次破產邊緣的教訓促使小堪富利在管理家族的企業資產中變得更腳踏實地。屈臣氏在市場上有良好的信譽，因此銀行願意繼續貸款，財務壓力才得以減輕。

4. 重新聚焦維多利亞市，1912 至 1924 年

經過多年的籌備與投資，1912 年屈臣氏在港島北角的新廠房終於落成，蒸餾水、汽水、藥品、化妝品等生產與庫存都歸納在同一屋簷下，因此營運效率相繼提升。[7] 香港在第一次世界大戰期間的初期沒有受到嚴重打擊，小堪富利士在 1916 年屈臣氏 75 周年、也是第 31 次普通股東周年大會上，關於 1915 年度業績有如下報導：

> 在我過去 28 年執掌屈臣氏業務的期間，它的業績幾乎與其他所有業務一樣起伏不定，需要處理根本上的改變，但又無礙總體上穩定的進步和擴張。一些不斷虧損的分支機構早已被關閉，而現在我們的業務量比以往任何時候都要大；更重要的是，我們的財務狀況從未像現在這樣好。[8]

過了 2 年，香港作為中、歐、美貿易轉運站的地位也遭受到嚴重的打擊。小堪富利士在屈臣氏第 33 次普通股東周年大會上，關於 1917 年度業績有詳細的報告，摘錄如下：

　　自第一次世界大戰開始以來，8 名屈臣氏員工從香港與中國大陸分別被派往前線，其中 2 名已被犧牲。我們已無法再繼續提供男丁，倘若還需要增派，那只能關掉一、兩家門市。同時，在倫敦的代理機構，也有 3 人被派往戰場，其中 1 人也已犧牲。[9]

　　你們面前的帳目雖然顯示出遠高於平均的業績，但並不如 1916 年的那麼好。在 1917 年的 9 月到 12 月之間，供貨量很少，因此業務虧損。儘管存貨最近好轉，但由於祖家（英國）政府的限制，我們特別缺少一些暢銷產品，之前一個重要的產品因為含糖而被拒絕出口許可。去年 4 月的火災再次進一步減少了我們的庫存（你可以在資產負債表中觀察到資產比前一年減少 162,908.91 港元）。上海大藥房與汽水廠於長年虧損下在年內經評審後，已以虧本價格出售，損失亦已計入損益帳戶。此次出售符合諮詢委員會之前確定並經其批准的決定，公司將聚焦香港和廣州業務，可以更有效地使用我們所有資本。[10]

　　隨著歐洲一戰在 1918 年 11 月 11 日的結束，原材料與成品恢復供應，1919 年的業務表現突出，小堪富利士在 1920 年、屈臣氏第 35 次普通股東周年大會上，關於上年度業績有如下報導：

　　　一戰結束後的 1919 年，業務與獲利迅速恢復到 1900 年的高峰時期，許多債務也都陸續清還。因為

市場銀根可能會更趨緊張，因此我們建議手上的現金流可以留待日後支付被召集的擔保貸款，而不是投資在長期專案中。多年來，由於沒有新的合格人員來取代那些參戰並且永不返回的人，我們一直在考慮關閉維多利亞藥房，關閉涉及一些損失，我們已把損失呈現在你面前的財務報表中。

接下來的 4 年裡，屈臣氏在港島新廠房生產的汽水、家庭藥、戒煙藥等業務恢復正常（圖 14）。可是，《香港政府憲報》在 1923 年 10 月 4 日公佈的危險藥物法規嚴格管制藥房配製含有嗎啡、海洛英成分的戒煙藥。香港的戒煙藥供應卻由非法走私者取代。同年，也因廣州西江江畔氾濫影響，使位於廣州、沙面的藥房業務再一次面臨危機。[11]

⊙ 圖 14　1912 年落成，屈臣氏位於北角屈臣氏道的自置廠房
　　來源：鳴謝 John Munn。

5. 省港滬大罷工與經濟蕭條，1925 至 1933 年

　　1925 年 5 月中旬，在上海公共租界內的學生示威運動中，有 13 名學生被英籍警察開槍打死。當年 6 月起至翌年 10 月的省港大罷工事件中，當時國民政府實行聯俄容共政策，強力抵制香港的殖民地政府，在此期間約有 14 萬勞工從香港回到中國大陸廣州。[12]

　　1926 年 3 月 20 日，時任黃埔軍校校長的蔣介石，在廣州鎮壓了由共產黨聯手國民黨左派的「中山艦事件」，到了 10 月 10 日省港罷工委員會宣佈取消對香港的封鎖，運輸與碼頭工人罷工最終完全停止[13]，位於廣州、沙面第三街的屈臣氏零售藥房恢復營業（圖 15）。小堪富利士在屈臣氏第 41 次普通股東周年大會上，關於 1925 年的年度業績報告摘錄如下：

⊙ 圖 15　1920 年代，廣州、沙面第三街，屈臣氏零售藥房
　　來源：作者私人圖片庫。

　　我很遺憾，我必須帶著一份與你過去幾年習慣接受不相稱的報告來到你面前。對此，管理層不應承擔任何責任。你完全瞭解在本報告所述期間（1925 年），過去普遍存在的不利條件，考慮到這一點，我認為這些財務報表並非不能令人滿意。

　　我想轉述香港「怡和洋行」棉紡廠的主席史密夫先生（Brooke Smith）的評語：「我們聘用數以千計的華人勞工，每年支付 160 萬港元的工資……。4 個月的停工，工人們的工資便少了 50 萬元。」這場工運對香港與上海的英資工業與公用事業造成不同程度的打擊。[14]

　　1926 年末，香港經濟逐步回暖持續了 4 年後，旋即面臨全球性的經濟大衰退（簡稱「大蕭條」），這是 20 世紀最為嚴重的世界性經濟衰退。這場災難在 1929 年 10 月 29 日開始，當日美國紐約華爾街發生史無前例的大股災，災難隨後席捲到全球各個角落。大蕭條對已開發國家和開發中國家都帶來了嚴重衝擊，尤其是以出口歐美為主的東南亞國家，馬來西亞與印尼首當其衝。1930 年開始，在馬、印兩國錫礦和橡膠種植園工作的華人勞工被終止合約，同時遭遣送返回中國大陸。由於這些無情的市場行為，香港作為中歐、中美的商品轉運港，更是受到史無前例的打擊。

　　到了 1931 年，香港西藥房的業務急劇下滑，即使是行業龍頭屈臣氏，在國內與出口東南亞市場的鴉片戒煙藥業務上，亦因大量歸僑而受到重大波及。1933 年 3 月 21 日，第 48 年

度普通股東周年大會（詳見第 7 章）會上，小堪富利士彙報
1932 年的年度業績，這也是他的最後一份報告，茲簡略摘錄
如下：

　　在審查公司過去 1 年的商務工作時，會計帳目與上
　1 年相比更是令人失望。經濟大蕭條導致利潤下降為
　主要原因。在過去的 1 年多，有數以十萬計華人曾經
　帶給本公司收入和利潤，已經從印度支那（越南、柬
　埔寨、老撾等）、海峽殖民地（新加坡），馬來西亞和
　荷屬東印度群島（印尼）等地被遣返回中國。當這事
　實得到理解時，將更容易被認同。[15, 16]

　　小堪富利士退休後，屈臣氏董事會主席一職由長期服務的
資深經理格勒克（Douglas. E. Clarke）接任，並秉承著務實、
穩健的管理風格（詳見第 10 章）。

6. 進入汽水的市場與港、滬兩地的發展

　　1890 至 1930 年期間，屈臣氏在香港、上海及馬尼拉為
營業量最大的汽水製造者，蘇打水、可樂（Cola）與沙士
（Sarsi）為其王牌飲料。[17, 18] 經過籌備多年的香港北角屈臣氏
廠房，最終在 1912 年落成，建立了大型蒸餾水設備，飲料、
汽水和製藥的產能得以擴大數倍。屈臣氏位於廣州河南白蜆殼
廠房與員工宿舍，雖受 1925 至 1926 年的反英省港大罷工而拖
延，也最終在 1928 年得以落成，生產藥品與汽水。

　　屈臣氏採納的市場策略原則，為現時品牌民生性消費用品推廣者使用的 4P 策略，即新鮮概念的帶汽飲料（Product）、與眾不同的時尚生活（Promotion）、雍容華貴的場所（Place）和積極進取的價格（Price）（詳見第 12 章）。香港屈臣氏生產的汽水，其中一款不含酒精的陶製瓶薑汁啤酒在 1910 至 1930 年推出時，受到本地消費者的愛戴。上海的屈臣氏聯名企業，在曼尼的悉心經營下，「巧克力」（粵語為「朱古力」）蘇打水也在 1930 年代推出市場，受到上海灘嚮往優雅生活的人士愛戴，受歡迎的程度無人能出其右（圖 16）[19]。

⊙ 圖 16　1930 年時期的屈臣氏巧克力蘇打水
來源：鳴謝上海民國醫藥博物館。

　　1927 年，屈臣氏香港與上海的品牌授權汽水廠，同時推出代工的貼牌可口可樂（Coca Cola，簡稱 Cola）汽水。因為名字清楚地描述出「極具吸引味蕾的經驗與樂趣」，設計也和中國人的「喜慶、富貴」的紅色相似。雖然每瓶可樂的價格比其他汽水高一倍，但廣告一經推出立刻引起轟動，大批消費者排隊購買（圖 17）。

⊙ 圖 17　1927 年，民國四大美女阮玲玉的可口可樂廣告
來源：鳴謝上海民國醫藥博物館。

　　屈臣氏以香港為企業根基，並以此為生產、營業及管理的大本營，所以人力資源分配豐富，一向視為重中之重。雖然在 1900、1909 至 1910 年、1914 至 1918 年、1925 至 1926 年、1929 至 1932 年，多次受政治和經濟打擊，但整體上在零售、進出口、製造業等都仍有良好的成績。開埠初期，本地華商因為語言、文化、商業習慣始終未能融入殖民地決策層。香港在 1908 年才有本地華人註冊的藥劑師，到了 1930 年代，陸續有多間華人經營的藥房雇有本地藥劑師，開始與英商在市場上逐漸平分秋色。屈臣氏早於 1848 年進軍上海，從 1842 至 1862 年的 20 年內，上海在五口通商的城市中脫穎而出，把廣州、廈門、福州、寧波等遠遠拋在身後，成為中國大陸的主要進出口貿易中心。除了得天獨厚的地理位置，方便海上與陸路的各方往來客商、貨物運輸作為樞紐位置外，其他關鍵原因可能包含：

- 時任兩廣總督耆英，從 1842 年一直到 1849 年都不容許外商進入廣州城。後來，1849 年履新的廣東巡撫兼五口通商大臣葉名琛，也很消極的對待外商，而且並不鼓勵通商活動。
- 1858 至 1864 年間，太平天國的起義使得數十萬計的難民從南京、蘇州和其他江蘇地區逃到上海避難，民生需求大增。
- 上海府道台宮慕久在 1845 年 11 月 29 日公佈了《上海土地章程》。之後，英、美、法租界陸續形成，並在 1854 年共同成立工部局[20]。

到了 1907 年，上海已成為遠東一大商港，本地與外籍人

口首次超越香港（圖表 2）。1909 年，屈臣氏收購了上海虹口大英藥房（Hongkew Medical Hall）。時任大英藥房經理的英籍藥劑師曼尼（Donald Mennie，1875-1944）兼任上海屈臣氏藥房經理。1917 年，曼尼以管理階層名義收購了屈臣氏上海的零業務售與汽水廠，並獲得授權使用屈臣氏標示。曼尼對外的職稱為屈臣氏華北區董事總經理。

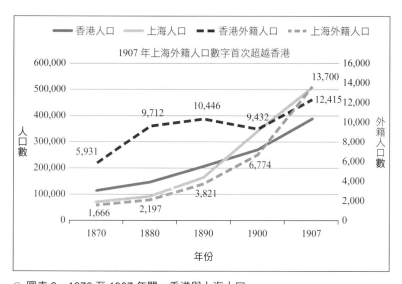

◉ 圖表 2　1870 至 1907 年間，香港與上海人口

資料來源：香港政府藍皮書，Twentieth Century Impressions of Hong Kong, Shanghai, and Other Treaty Ports of China etc。

　　1941 年 12 月 7 日，日軍轟炸美國夏威夷珍珠港，太平洋戰爭隨即爆發，日本同時正式向英國與美國宣戰，並派軍進駐上海租界蘇州河以南區域，孤立無援的租界地區因而被逼結束。[21] 曼尼一直經營上海屈臣氏品牌的業務，直到 1942 年上海

租界給日軍完全佔領為止。屈臣氏的業務包括藥房和汽水廠被日軍沒收，並以低價轉售與當地商人。日據時期，他在上海與其他英籍人士被送往龍華集中營，並於 1944 年 1 月過世，享年 69 歲。

屈臣氏在 1841 年從香港起家，1856 年進入上海，一直到 1937 年日軍侵華的近 100 年間，它曾嘗試多次在上海紮根，但始終未能成功。[22] 這可能歸咎於兩個主要因素：

- 當時香港作為英國殖民地，麻醉藥物包括鴉片戒煙藥的販售只限於聘有外國或本地註冊藥劑師的藥房，而屈臣氏零售藥房佔有率最高。上海國際租界內的工務局從成立至 1928 年以來，沒有實施藥劑師註冊制度，及後在南京的國民政府雖然制定了藥劑師註冊制度與嚴格管控麻醉藥物的法律，可惜的是在 1949 年之前，並沒有足夠人力去執法。
- 上海的本幫與來自寧波的青年，在英商藥房充當學徒多年後，另起爐灶，直接從駐華的歐美洋行訂購藥物及嗎啡、海洛因原料自製戒煙藥行銷全國，並出口東南亞。

7. 日據前的起伏，1938 至 1941 年

屈臣氏在香港本地的零售藥房、藥品批發與汽水業務，在 1933 至 1937 年間有著平穩的發展。1938 年 10 月 29 日，在華日軍攻陷廣州，並同時控制了附近地區，當時約有 75 萬難民從華南地區來到香港避難，人口在短時間內有跳躍式的增加，因而促進短暫的繁榮（圖表 3）。[23] 因為國內的貨幣政策和中日戰爭導致嚴重通貨膨脹，是造成經濟動盪的主因，屈臣氏的業

務策略是採取節流與保本的方法，而非積極投資與擴充。

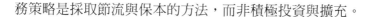

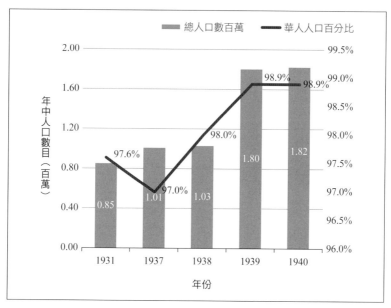

⊙ 圖表 3　香港人口在日據前的急劇變化
資料來源：香港政府藍皮書。

　　同時，面對本地競爭者的挑戰，屈臣氏零售藥房的原有業
務也被分攤。1927 至 1940 年間，屈臣氏的英籍藥劑師人數也
從 13 名減至 3 名（圖表 4）。在 1939 年 3 月 28 日的屈臣氏第
54 次普通股東周年大會上，格勒克主席向股東彙報 1938 年度
業績業績，摘錄如下：

　　　　從現在的財務帳目中可以看出，年度的淨利金額為
　　　318,627.95 港元，這是遠遠高於近年來在類似場合所

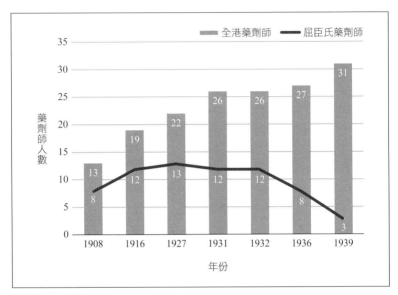

◉ 圖表 4　1908 至 1939 年期間，香港與屈臣氏藥劑師人數
資料來源：《香港政府憲報》。

提交的數字 —— 實際上，我們必須努力找回與 1923
年同樣令人滿意的成績。而這一可喜的結果，歸功於
所有香港部門在營業和利潤方面都有顯著改善。毫無
疑問，異常乾燥的夏季，對增加我們汽水廠的營業額
起了部分作用，而且該部門的業務在過去幾年中的表
現都能令人滿意。中國法幣對港元匯率的貶值，使廣
州業務不可能獲利，因此屈臣氏在當年 5 月關閉在沙
面的零售部門。[24, 25, 26]

8. 總結

　　從 1897 至 1941 年的 45 年內，中國從滿清過渡至民國初期，經歷了 1900 年的義和團、1909 至 1910 年的長江水災，以及 1911 年的辛亥革命後開始的軍閥割據、1927 年南京政府的成立、1931 年日本開始侵華。同時間，香港作為中西貿易的鴉片、人口（來往南洋、三藩市）的轉運港，也受到國內的政治與貨幣貶值及國外的第一次世界大戰、1929 年的全球金融風暴與 1941 年太平洋戰爭的打擊。1941 年，抗日戰爭在中國大陸正如火如荼的進行，日軍在廣東省深圳河以北正在團積兵力。格勒克在當年 4 月 3 日，第 57 次普通股東大會會中，總結了屈臣氏的歷程與前景的展望：

　　　　今年是公司成立一百周年，它讓我更加高興能夠向股東報告去年的業績 —— 這是有史以來最好的一年。我記得很清楚，大約 30 年前（1910 年），公司經歷了一個艱難的時期：本地媒體刊登了聳動的內容，大概是由股東所寫，意思是公司奄奄一息，因此應該結束業務。然而，管理階層能夠毫無恐懼或矛盾地說明公司目前比以往任何時候，都享有更為健全的地位，這是令人自豪和滿意的源泉。關於未來的前景，特別是考慮到現有情況下，我可以直截了當地說我們對未來幾年進入第二個世紀充滿信心。[27]

　　若非屈臣氏自家品牌的汽水、花塔餅、戒煙藥等消費品在中國大陸、台灣與東南亞等市場極受歡迎，屈臣氏的命運應會如其他的零售藥妝般，在這段時間就完成其歷史使命。屈臣氏的適者生存 DNA，就是經歷了無數的大小挑戰而孕育而來的。

第 3 章

二戰後的復甦與轉型

1. 簡介

　　香港人口從 1941 年 12 月的 180 萬，下降到 1945 年 8 月日本佔領結束時的 60 萬。這段期間，大約 1 萬名在港的外籍人士被拘留在一個平民營地和三個戰俘營地。其中 2,400 名英國殖民地官員、商人及其家庭成員，包括屈臣氏外籍管理人員與藥劑師，被拘留在香港島赤柱的平民營（表 2）。大部分華人則逃往中國大陸或澳門，西藥房都關閉了。英國軍事當局在 1945 年 8 月 15 日日本投降 2 週後，於 9 月 1 日恢復對香港的殖民統治。英軍臨時政府旋即頒發了 1945 年公告，把鴉片與海洛因、嗎啡等麻醉藥歸類為危險藥物。屈臣氏恢復營業，但從此結束百年來的藥用鴉片與戒煙藥業務。

　　二戰後，國共內戰驅使大量南方省份和上海的企業家、熟練工人湧入香港[1]。韓戰期間（1950 至 1953 年），屈臣氏除了出口汽水至南韓給美軍與聯合國部隊外，藥物批發與零售業務發展緩慢。韓戰結束後，屈臣氏的業務在 1950 年代末開始成

⊙ 表 2　在赤柱拘留營關押的屈臣氏與相關公司

#	姓	名	出生日期	死亡日期	曾擔任職位
1	Clarke	Douglas Edward	1882	1981	堪富利士與屈臣氏兩家公司的主席
2	Crouche	Noel Victor	1891	1980	屈臣氏董事
3	Jupp	John Edmund	1902	1942	堪富利士地產總經理
4	James	Alistair James	1912	不詳	屈臣氏藥劑師
5	Tarrant	John Arthur	1872	1958	屈臣氏公司秘書、股東
6	Willoughby	George	1909	1945	屈臣氏藥劑師

資料來源:《香港政府憲報》、《物語:舊香港》。

長。1963 年,和記洋行成為屈臣氏的最大股東,開始投資冰淇淋製造、增建房產等專案。1973 年,屈臣氏收購百佳超市及餐飲業,開啟了屈臣氏在零售、服務性行業的新嘗試。1979年,當時李嘉誠的「長江實業」(簡稱「長實」)接收了滙豐銀行所有的和記洋行 28% 股權,成為和記與附屬的屈臣氏單一最大股東。

2. 日據時期與二戰後的復甦

1941 年 12 月 25 日,英軍代表在九龍半島酒店向日軍投降。饑餓的人民、惡性通貨膨脹、物資持續性短缺、日本憲兵執行軍管時的惡行,以及居民朝不保夕的恐懼,促使了一波逃亡潮。佔領初期,日本憲兵沒收了屈臣氏的財產和資產,包括汽水廠和製藥廠。屈臣氏有 6 名英籍公司高層管理人員、股東和藥劑師在港島赤柱拘留所接受關押。

　　屈臣氏儘管失去了股份登記冊，但戰後重建了公司在
1940/1941 和 1942/1945 兩個時期的財務報表。可幸的是，總
帳在 1940 年 11 月至 1941 年 12 月期間完好無損，使臨時董事
長布朗（Charles Brown）能夠在 1946 年 12 月 30 日，第 57 屆
股東周年大會上提交財務報表（表 3）。

⊙ 表 3　1940/1941 和 1942/1945 兩個時期的重建財務報表

財年	標題	主要事項		純利（港元）
1940/1941				658,735.53
1942/1945	利潤後的行政費用 （倫敦辦事處）	倫敦行政費用 （代理協定傭金）		46,773.29
		補償損失津貼		180,000
		正常折舊		199,727.98
	損益撥付帳戶（從 1941 年 12 月結轉的貸方餘額中扣除之後）			317,208.38
	戰爭損失帳戶 （由於各種債務人記錄的損失而註銷的庫存和債務損失）			1,997,666.66

資料來源：屈臣氏周年股東大會的會議紀錄，1940/1941 與 1942/1945。

　　1945 年 9 月 1 日，屈臣氏的三個核心營業單位：汽水、
藥品製造和藥房業務迅速恢復營運。這是由於曾被日軍之前轉
移到各個場所的庫存被找回，且北角的汽水廠與機械、財產沒
有遭受到重大破壞。從 1947 到 1950 年，來自中國大陸的移
民大量增加，香港本地人均收入則從 1970 年代開始快速上升
（圖表 5）。

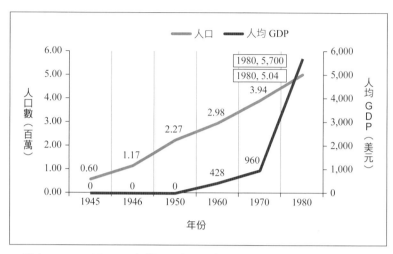

⊙ 圖表 5　1945 至 1980 年期間，人口和人均 GDP 成長
資料來源：香港人口普查。

　　第二次世界大戰前後，與中國大陸的貿易起伏不定。屈
臣氏的稅後淨利，除了 1949 年的一次性跳躍外，業績也受惠
於香港的蓬勃經濟，從 1946 年的 140 萬港元，按人口的成長
率遞增至 1962 年的 330 萬港元。韓戰期間屈臣氏的蘇打水業
務，彌補了香港本地荷蘭水與製藥業務的不景氣（圖表 6）。
然而，韓戰期間由於聯合國對香港從中國大陸進出口的商品
實行貿易禁運，導致香港與世界其他地區的總量從 1951 年的
7.76 億美元，下降到 1955 年的 4.43 億美元或 43%。[2]

韓戰與 1950 年代屈臣氏的業績

　　當屈臣氏的利潤在 1951 年趨於停滯不前時，時任香港

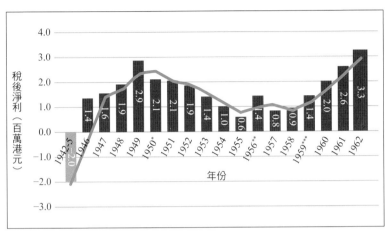

* 1950 至 1953 年期間的利潤下降，是由於出口至新加坡與馬來西亞的銷售減少。
** 1956 年的一次性銷售高峰，是南韓在 1957 年調高入口關稅前，轉銷商囤積屈臣氏
　品牌的汽水所致。
*** 1959 至 1962 年期間稅後利潤的攀升，是由於香港與英國在 1959 年簽訂了《紡織
　品協定》，香港紡織廠業務有著跳躍性的成長，勞工就業大幅增加、經濟蓬勃，消
　費品購買力增加。

⊙ 圖表 6　1945 至 1962 年，屈臣氏稅後淨利
　資料來源：屈臣氏周年股東大會會議紀錄。

上海滙豐銀行（現稱為「滙豐銀行」）董事會主席的史超活
（William Alfred Stewart）在 1952 年出任屈臣氏董事會主席，要
求董事會終止堪富利士公司的代理協定傭金，每年節省 400,000
港元或 20% 的稅後淨利。[3, 4] 韓戰的結束，使屈臣氏在 1954 年
汽水的出口減少，特別是出口韓國大幅度下降，降低了當年的
獲利。為了外匯的支出，韓國在 1957 年實施調整新的汽水進
口。屈臣氏的汽水在 1956 年因為當地營業囤積進口汽水，而
造成一次性的出口營業利潤。為了有效控制成本並密切管理其

汽水和製藥業務，屈臣氏公司的辦公室在 1956 年從港島中環
告羅氏打大廈，搬到了在北角的汽水廠和藥廠所在地。

　　1950 年代，屈臣氏嚴重依賴於汽水業務，而糖的全球定
價則嚴重影響汽水的利潤，收入和獲利就像雲霄飛車一樣。
雖然，地緣政治和經濟周期在 1950 年代帶來了許多挑戰和不
確定性，可幸的是，屈臣氏的核心業務從未脫軌（詳見第 4
節）。在 1950 年代後期，香港經濟蓬勃的部分原因，是由於當
時的香港總商會主席祁德尊與英國棉花委員會於 1959 年成功
達成紡織品協定，此協定促成香港製造的紡織品品質提高，使
香港的出口從 1959 年的 5.43 億美元，成長至 1962 年的 7.63
億美元或增幅 41%。本地經濟的活躍，使屈臣氏的營業額上
升，稅前淨利也從 1959 年的 140 萬港元，成長到 1962 年的
380 萬港元，增加了 2.7 倍（圖表 6）。屈臣氏的服務客戶主要
是英籍或西方人士，但汽水則在香港華人市場上有較大的市佔
率。[5]

屈臣氏董事會成員與商業策略

　　在二戰前，屈臣氏已有華人代表出席公司董事會，第一位
華人擔任成員的是周壽臣爵士。他在抗日戰爭前後任職了屈臣
氏董事 32 年，於 1959 年 1 月去世[6]。自 1933 年以來，一直擔
任堪富利士與屈臣氏兩家公司主席的格勒克，在日據期間被拘
留並在二戰結束時返回英國，經過一段時期的療養後，1946
年回港繼續擔任屈臣氏董事會主席，一直到 1950 年在香港工
作 47 年後退休。日據時期結束時，屈臣氏股東任命布朗為當

年的臨時主席恢復屈臣氏業務，其為林斯特、大衛（Linstead
& David）會計師事務所的合夥人。在屈臣氏長期服務的經理
百德信（William Paterson）則擔任董事兼秘書，並在戰後立即
恢復了業務。

　　儘管屈臣氏的堪富利士家族的利益有一些變化，但公司
在專業經理的營運下，還是相對穩定。1953 年 7 月，韓戰停
火，屈臣氏的營業與獲利雙雙下滑，主要原因是當時的毛利有
一半來自出口汽水至韓國和其他遠東市場。彼得遜（William
Paterson）是在屈臣氏服務了 33 年的資深管理者，當他在
1952 年 2 月被任命為董事總經理時，馬上重新調整屈臣氏的
市場策略與尋求海外機會，並因而成立了屈臣氏馬來亞有限公
司（Watson& Co.〔Malaya〕Ltd.）。他設計了一個特許經營模
式，以在當地製造和營業汽水和醫療專用產品，可惜他於 1 年
半後的 1953 年 7 月突然去世。彼得遜的副手史立甫（Robert
Sleap）臨危授命為總經理，負責推動屈臣氏往後 14 年的發展[7]
（表 4）。

⊙ 表 4　屈臣氏董事會董事變更，1940 至 1959 年

年度 董事職銜	1941 年 4 月 4 日	1946 年 12 月 30 日	1947 年 6 月 6 日	1951 年 3 月 16 日	1959 年 3 月 17 日
主席	格勒克 Douglas E. Clark 勘富利 士、屈臣 氏公司	布朗 Charles B. Brown 林斯特、大 衛會計 師 Linstead & David	格勒克 Douglas E. Clark 勘富利 士、屈臣 氏公司	史超活 William Alexander Steward 滙豐銀行	祁德尊 John Douglas Clague 和記洋行

年度 董事職銜	1941 年 4 月 4 日	1946 年 12 月 30 日	1947 年 6 月 6 日	1951 年 3 月 16 日	1959 年 3 月 17 日
董事	周壽臣 Shouson Chow 東亞銀行	周壽臣 Shouson Chow 東亞銀行	周壽臣 Shouson Chow 東亞銀行	周壽臣 Shouson Chow 東亞銀行	李福和 Li Fook Wo 東亞銀行
	彼得遜 William Paterson 祕書（屈 臣氏）	**彼得遜 William Paterson 祕書（屈臣 氏）**	**彼得遜 William Paterson 祕書（屈 臣氏）**	**彼得遜 William Paterson 祕書（屈臣 氏）**	韋德臣 R. A. Wadeson 的勒律師 行
	哈斯頓 J. Scott- Harston 的勒律師 行	端拿 M. H. Turner 的勒律師行	端拿 M. H. Turner 的勒律師 行	佐漢生 R Johannessen 佐漢生保險代 理公司	賓臣 Donovan Benson 有利銀行
	威廉臣 S. T. Williamson 威廉臣船 務公司	威廉臣 S. T. Williamson 威廉臣船務 公司	威廉臣 S. T. Williamson 威廉臣船 務公司	韋德臣 R. A. Wadeson 的勒律師行	**史立甫 R. Sleap 屈臣氏**
				李澤芳 [8] Li Tse Fong 東亞銀行	**馬達斯 D. A. F. Mathers 祕書（屈 臣氏）**
				嘉薛地 P. S. Cassidy 和記洋行	

備註：粗體字董事為屈臣氏委任。

資料來源：屈臣氏年度股東大會會議紀錄。

3. 祈德尊與屈臣氏的轉型

祁德尊爵士（Sir John Douglas Claque，1917-1981）曾是 1950 至 1970 年代香港的傳奇人物。1940 年，24 歲的祁德尊隨英軍皇家炮兵馬恩兵團來到香港參與抗日保衛戰。1941 年 12 月底，他在香港日據初期短暫地在港島赤柱被拘禁為戰俘，並旋即逃到了廣東的惠州。1947 年，祁德尊加入由英商馬登家族於 1946 年入股的和記國際有限公司（Hutchison International Ltd.，簡稱「和記」）。1953 年，祁德尊成為和記董事會成員與洋行大班，並於 1957 年被選為屈臣氏的董事會主席。[9, 10] 1963 年，當和記成為屈臣氏擁有 38% 股權的最大股東時，祁德尊在推動其業務方面，發揮了決定性的作用。

探索中的前進

汽水是屈臣氏的核心業務，為了優化其生產能力，屈臣氏在 1965 年獲得 Canada Dry 的權限，在香港生產和營業其產品，從而使其在本地瓶裝飲料市場中成為可口可樂和維他奶 Vitasoy 以外的前三名。儘管來自本地和國際品牌的競爭加劇，但汽水產量卻隨著人口成長而遞增。其他的核心業務也有良好的發展，包括代理海外藥廠新的處方，以及供應新界農場的動物飼料等業務。另外，屈臣氏也與威士卡和白蘭地供應商合作，開展葡萄酒零售與批發業務。

1970 年，麥尊德（Jock Mackie）被任命為屈臣氏董事總經理，他旋即任命溫大衛（David Wilson）為屈臣氏總經理，

協助擴大業務範圍。[11] 溫總迅速打造了屈臣氏的全新面貌，為一家開放、自助式的健康和美容商店，但仍然提供西藥房的配藥服務。屈臣氏的駐店營業助理接受產品知識培訓，可以向消費者提供有保健和美容產品範圍的建議，為名符其實的「藥妝」店。當年，第一家屈臣氏的藥妝旗艦店位於港島中環、中央商務區的黃金 1 英里內、皇后大道中、萬邦行 1 樓。1972年，零售部門在麥迪信（Malcolm Maddison）領導下，收購了本地百佳超級市場（ParknShop）的 3 間門市。這個進入超級市場領域的決定，是基於亞洲區內的職業女性將會步上歐美國家後塵，在下班後往超市購物。從 1963 至 1972 年的 10 年中，屈臣氏的業務在多元化驅使下，營業淨額和稅後淨利率均取得了顯著成長。

石油危機、開拓超市業務，1973 至 1982 年

1972 年，麥迪信重組零售業務，把藥房業務也歸於零售部。但是，由於最初開業的百佳超市店鋪規模較小，主要位於在歐美人士的社區，產品範圍以進口西方食品為主，而且價格較高，因此這種新穎的零售概念並未受到注重成本的香港華人家庭主婦的歡迎。[12] 1973 年，屈臣氏的管理階層遵循母公司和記制定、進軍其他業務領域和東南亞市場且雄心勃勃的擴張計畫。屈臣氏還收購了小飛俠（Peter Pan）連鎖玩具店，這是另一家高級零售企業，專門傾向於為中高等收入消費者在每年生日和農曆新年兩次給孩子們的購物時提供服務。

在 1973 至 1974 年之間，由於石油輸出國組織（OPEC）

實施的原油生產限制，全球石油製品價格上升了 2 倍多，嚴重
影響西方經濟；香港和東南亞的出口拉動型經濟相應地萎縮，
因為它們所依賴的西方市場消費者的購買意欲變得疲弱。當時
香港政府對外貿易官員迅速在 1974 年簽署了《多纖協定》，得
到了 30 年的可觀全球成衣出口配額，因此，擺脫全球石油危
機陰影的速度，比起新加坡、韓國和台灣等，以及其他在中國
大陸剛發展的地區快得多，為四小龍之冠。[13, 14] 1975 年，由於
全球大宗商品價格的下滑，屈臣氏的母公司和記在大量購買採
礦設備售賣印尼採礦業的借貸上，受到銀行的高利率與外匯的
波動影響而陷入了嚴重的財務困境。同年，匯市銀行透過借貸
和記急需的現金獲得 1 億 5 千萬股份。[15] 接著，滙豐銀行聘請
了澳洲籍企業家韋利（Bill Wyllie）出任和記的董事總經理職
位，其在本地以公司重組聞名，來協助祁德尊進行財務重組。

　　1976 年，威爾遜接任麥尊德為董事總經理。他從英國聘
請了霍氏（Paul Fox）來港，成為百佳超級市場零售總監[16]，但
因水土不服，沒多久便離任。翌年，威爾遜在英國聘請了文禮
士（Rodney Miles）加入百佳為營運總監，他堅信香港未來的
超級市場，取決於大眾華人消費者的選擇。1981 年，文禮士
為香港的廣大消費者提供了一系列的粵式食品，將長期不振的
超級市場業務扭轉過來。儘管屈臣氏的營業額在 1970 年代下
半期有可觀的成長，但其獲利能力仍然保持在低檔的個位數。
這是由於過於零散的業務組合缺乏臨界品質、聚焦少數的外籍
消費者，以及高薪管理團隊所致 [17]（圖表 7）。

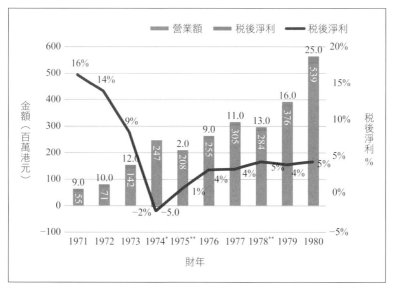

1974 年虧損 500 萬港元或營業額的 2%，主要因為成本上升（糖價在 1973 年 11 月從每噸 1,500 港元漲至 1974 年 11 月的每噸 5,800 港元，購買力疲弱。
** 1975 與 1978 年的營業額下跌因為天氣影響汽水業務。

◉ 圖表 7　屈臣氏 1971–1980 年業績銷售與稅後淨利
　　資料來源：和記洋行年報。

　　屈臣氏進入冷凍食品製造業務是在 1973 年 8 月，透過收購取得 1950 年於香港成立的芬蘭冰雪糕有限公司，以及其位於九龍的工廠。這是屈臣氏垂直整合戰略的一部分，目的是擴大其在百佳超市連鎖商店的冷凍食品供應。[18] 從 1974 至 1980 年的艱難歲月中，威爾遜的管理能力確保業務成長和穩定，也是屈臣氏管理階層與員工管理的關鍵因素。他是一位獨立、負責的主管，但並不經常與其上司，即和記黃埔委任的屈臣氏董事會主席李察信迅速、積極進取的步伐一致。1980 年，屈臣

氏的多元化零售、餐飲與製造業雇用了 1,850 名員工，其中，零售業佔 46%（863 人）、食品製造業佔 27%（496 人）、西藥與進口業佔 11%（197 人）、餐飲業 7%（138 人）、其餘 9%（171 人）為後勤部門。許多員工已在屈臣氏服務多年，對市場的變遷有著特別敏銳的觸角，這些需要時間與磨練沉澱的優勢，使他們成為屈臣氏資產的一部分。

4. 股權的變更與傳奇的李嘉誠

　　1977 年，和記與黃埔合併成為「和記黃埔有限公司」（簡稱為「和黃」）。原黃埔董事會主席夏志信（Allan Hutchison）出任合併後新公司和黃的董事會主席，祁德尊離開他從 1947 年一手創辦的和記。可是，1977 年 12 月 20 日的《全球經濟概覽》，預測了全球經濟在 1978 年、甚至更長的一段時間前景的不確定性和不安。[19] 和黃趁著當年聖誕與新年假期的股票市場還沒有完全消化這個不利消息之際，迅速在 1978 年 1 月 3 日在香港聯合交易所掛牌上市。[20]

　　1979 年 9 月，滙豐銀行董事會決定將其原來持有的和記 9,000 萬普通股，相等於和黃的 22.4%，出售給長實控股有限公司的子公司「長江」，祁德尊與和黃面臨個人與公司的重大股權變更。[21] 長江董事會主席李嘉誠（香港媒體稱他為「李超人」）於 1979 年被任命為和黃集團的非執行董事，他繼續從市場上增加和黃集團的股份，在 1980 年初增持至 31% 和黃的股權，並在年底接替韋利，成為和黃董事會主席，韋利則成為了和黃的副董事長。[22] 李嘉誠收購和黃集團的其中一個動機，

旨在黃埔船塢在九龍紅磡擁有的大面積的土地儲備庫,之前被香港海洋世界基金會在九龍紅磡用作造船廠。[23] 1981 年,和黃集團決定以 5.6 億港元的總價收購屈臣氏、安達臣大亞(Anderson Asia)與和寶(Hutchison-Boag)非公開發行的少數股權,從而完全控制這三家公司。

　　從 1976 至 1980 年,和黃對屈臣氏的持股和持股比例發生了巨大變化。1976 年,屈臣氏的營業額為 1.96 億港元,稅後淨利僅為 100 萬港元。儘管 1980 年隨著零售業務的快速擴張,營業額和稅後淨利分別成長了 2.7 倍和 16 倍,達到 5.4 億港元和 1,600 萬港元,但其 3% 的利潤貢獻仍然令人失望(圖表 8、9)。如果不計入 1980 年的營業外收入,其損益表將很

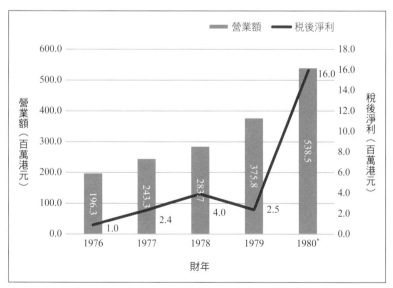

⊙ 圖表 8　1976-1980 年,屈臣氏銷售額與稅後淨利
資料來源:屈臣氏年度報告。

難看。[24, 25] 在整個 1970 年代，由於資源過度攤薄，大部分時間面臨石油危機與經濟衰退，港元匯率大幅波動，祁德尊的全球化貿易王國夢想成了噩夢。

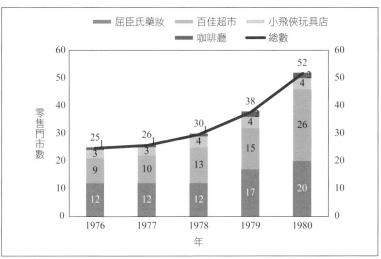

* 從 1979 年的 38 家店鋪飛躍至 1980 年的 52 家，光是百佳超市就從 15 家增加至 26 家。

⊙ 圖表 9　1976-1980 年，屈臣氏零售門市數目成長
　　資料來源：屈臣氏年度報告。

　　和黃連續數年增加百佳超市和屈臣氏藥妝的零售業務，需要大量投資，李嘉誠決定於 1980 年收購該業務剩餘的 44% 少數股份，並將其私有化。當屈臣氏成為全資子公司時，集團董事會主席李察信的首要任務，是節省現金和提高獲利能力。雖然屈臣氏的最大資產是其知識淵博、經驗豐富的英籍高層管理人員，但是，如果新的零售概念未能吸引到市場上的目標客

戶，業務則達不到經濟規模，高工資成本則會是沉重的長期財務負擔。[26]

李嘉誠洞悉零售業成功的竅門，在於誰是開門的人，以及他手中的鑰匙是否配合門的鎖孔。這個人將決定屈臣氏在未來成功與否的取向！

5. 總結

從 1941 至 1981 年的 41 年期間，屈臣氏又一次經歷了雲霄飛車般的驚奇之旅。它在 1945 年 8 月 15 日，日本戰敗投降後的浴火重生是一個奇蹟。1946 至 1952 年期間，屈臣氏在香港的戲劇性復興，有賴於二戰後香港急速膨脹的人口，以及韓戰期間汽水飲料出口至南韓與美軍及聯合國部隊。隨著韓戰的結束，1953 年與馬來西亞吉隆坡當地投資者簽訂馬來西亞全國特許經營協定，旨在建立一個海外市場商業模式，也是對日後緬甸和泰國等其他東南亞國家或地區可以複製的試行點。不幸的是，由於當時的馬來西亞地方政治與社會動盪，屈臣氏的汽水和相關企業從未按原計畫起飛。因此，從 1953 到 1957 年，屈臣氏的業務處於停滯期。

祁德尊在 1957 年成為屈臣氏的董事會主席，1963 年，和記成為屈臣氏的控股者。在 10 年間，屈臣氏遵循和記洋行的積極擴張戰略，從數間全資附屬公司發展到 1973 年的 30 多家全資、合資公司，開拓的業務新領域包括餐飲、冷凍食品、超級市場、玩具零售與房地產開發等，並涵蓋了東南亞的主要國家。但是，當和記遭受 1973 年全球石油危機引發的金融海嘯

打擊時，這個超越自身能力的過分擴張，證明是無法持續的。

　　1981 年是屈臣氏的轉淚點，當時和黃收購了屈臣氏少數股東的 48% 股份。當年可口可樂在廣告和促銷活動中投入了大量資金，吸引消費者遠離屈臣氏和其他汽水生產商，有所獲利的汽水業務因而承受著巨大的市場壓力。屈臣氏的零售業務被選為和黃業務組合中的「明日之星」，其產生的現金流可以提供資金讓和黃集團得以執行積極的戰略性投資專案。隨著零售業的發展，維護現有人才與高水平的服務，以及快速培育新加入的零售人員，成為屈臣氏的首要任務。為了實現零售業務的飛躍，下一任屈臣氏的領導者，必須能夠洞察李嘉誠與時並進的願景。

第4章

扭轉乾坤，重回神州、
寶島與獅城

1. 簡介

　　1982 至 1988 年是屈臣氏一個關鍵時期，業務的起伏高度依賴於中國大陸的政治氣候。屈臣氏集團是李嘉誠家族與和黃在全球化與資產分散投資中的重要一環，李察信在 1982 年 3 月委任韋以安（Ian Francis Wade）接任退休的威爾遜，出任屈臣氏集團董事總經理。適逢當時韋以安也在尋求事業上的變化，這個無獨有偶的結合，可能是屈臣氏與韋以安在往後的四分之一世紀共同成長的緣分（詳見第 9 章第 5 節）。

　　韋以安 1940 年出生於英格蘭中部的布拉德福（Bradford），生肖為金龍。他是一位資深但充滿活力、幹勁十足的「內部企業家」。[1] 當年，韋以安接任屈臣氏集團總經理時，上一年的業績在擴張零售門市時有數千萬港元的虧損。他適時加入和黃，與他在 1982 至 1984 年間在香港經歷的「黑色星期六」外匯風暴，使得本來已是身經百戰的他也需面對突然其來的危機。這些磨練亦讓韋以安與他的高階管理團隊在

1987 年重回台灣市場時，對「戒嚴令」、「合資規定」、「外匯管制」等的廢除，有了更適當的掌握。屈臣氏利用這個千載難逢的機會，即時加碼在寶島的投資，吸引了當地優秀的年輕人投身發展零售事業，成為日後雄霸一方的藥妝零售連鎖企業。

2. 策略制定與執行

韋以安在加入屈臣氏 6 個月內，首先進行了香港與臨近國家與地區零售市場的 PEST 分析，以及屈臣氏企業自身的 SWOT 分析。[2] 他和管理團隊與跨國品牌供應商及本地批發商磋商，討論如何優化產品供應鏈與降低庫存，並走訪前線員工，也與消費者直接對話，瞭解客戶選擇零售門市的需求。在徵得董事會批准下，韋以安首先改組屈臣氏的組織結構（詳見第 12 章第 3 節）。韋以安發覺英國與香港的中產消費者在消費習慣上沒有重大的差異，即是選購熟悉的品牌、穩定的價格與供貨，願意嘗試新而實用的商品，包括食品、飲料、健康與美容用品等。接著，他向和黃董事會提交了「遠程戰略計畫」，並得到批准執行。

第一階段，是 1982 至 1985 年屈臣氏頭 3 年的「振興計畫」，以改善產品結構、建立更高利潤的產品組合、在香港社區的戰略位置開設更多和更大的商店為主。第二階段，是逐步發展到亞洲鄰近國家和地區的路徑，最後則是進入歐洲或北美洲收購當地連鎖企業，將屈臣氏打造為一家全球化的零售企業。韋以安的短期目標是建立一個具有運動員精神的領導團隊，以結果為導向、睿智地將香港成功的商業模式經驗在亞洲

其他區域複製。他們在 1980 年代制定的「八（發）項戰略」，與著名的工商管理研究人員吉姆・科林斯（Jim Collins）、「從優秀到卓越」的哈佛商教授學院尼廷・諾裡亞（Nitin Nohria），以及威廉・喬伊斯（William Joyce）和布魯斯・羅伯森（Bruce Roberson）所推廣的「4 + 2」公式極為相似。韋以安的屈臣氏商業模式，旨在實現從本地零售業者到全球零售連鎖企業的飛躍，並融合李嘉誠的「王道」哲學與現代最佳管理實踐。

3. 第一個挑戰：黑色星期六

　　1983 年 7 月 12 至 13 日，中英政府在北京舉行了第一輪會談。隨後的三輪會談中，因為英國堅持要求在 1997 年後繼續管治香港，包括香港島、九龍與新界，而沒有取得任何進展（1898 年簽訂的《展拓香港界址專條》只是租借新界予英國 99 年）。在這種政治不確定性之中，屈臣氏的零售業務受到重創，而這個充滿挑戰的時期，恰逢韋以安著手進行屈臣氏振興計畫的中期。最終，貨幣危機（又稱「黑色星期六」）在 1983 年 9 月 24 日發生，港元匯率創下歷史新低。香港金融管理局銀行政策部執行董事李令翔先生，在其論文中描述了當時的貨幣狀況：

> 　　1983 年 8 月，中國正式宣佈將在 1997 年 7 月 1 日或之前撤回香港，無論與英國的談判結果如何，政治不確定性加劇了危機氣氛。1983 年 9 月 23 至 24 日

週末，達到了高潮，有消息稱中英談判已陷入僵局。
在這 2 天中，港元兌美元貶值了約 13%，於 9 月 24
日收於 9.6 港元的歷史新低。[3]

1983 年 10 月 17 日，香港政府宣佈並實施聯繫匯率制度
後，事情穩定了下來，聯繫匯率制度將港元與美元以 7.80 港
元／美元的匯率掛鉤[4]（圖 18）。由於香港進口了包括食品、美
容和保健產品在內的大部分商品，因此屈臣氏首當其衝，由此
造成的價格也難以為消費者所接受。貨幣危機對韋以安是一次
及時的考驗，作為天生的「金龍」，他勇於接受挑戰。為了減
低屈臣氏轉移給消費者的波動貨幣風險，韋以安與供應商達成
共識，在控制價格與庫存量中尋找平衡，而又不會過分嚇跑顧
客，尤其是如米、油等糧食戰略性物資。

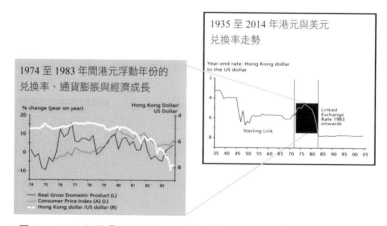

⊙ 圖 18　1983 年的「黑色星期六」和港元與美元的匯率掛鉤[5]
　　源：鳴謝國際清算銀行。

　　韋以安和他的高階管理階層，在外匯損失造成的利潤虧損中，吸取了慘痛的教訓。他們沒有因為這種短期阻礙而感到挫折，反之迅速修改了業務戰略。由於香港在 1983 年的黑色星期六事件中，承受著全球或區域政治和經濟危機的衝擊，因此地域多元化被納入了關鍵考量之中。韋以安在 1983 年底修定了 1 年半前制定的遠程戰略計畫，提交和黃李察信並迅速獲得肯定。其中關鍵之處，是積極尋找境外投資機會，包括中國大陸、東南亞諸國與地區市場。滙豐銀行的沈弼（Baron Michael Sandberg）也全力支持李嘉誠成為滙豐銀行董事會成員之一。[6] 有趣的是，堪富利士於 1890 年代首次提出的夢想，一個世紀後才由屈臣氏的後繼者韋以安來兌現。

4. 重回神州大地

　　1978 年，中國大陸最高領導人鄧小平啟動「改革開放」政策。深圳，也是中國大陸於 1980 年對外開放後成立的第一個經濟特區。深圳的快速發展與社會穩定，吸引了外商與其家眷的進駐。[7] 1983 年初，韋以安有見深圳經濟特區的噴泉式發展，當地友誼商店的有限消費品品項，滿足不了外商與他們家人的日常需要，因此開始與深圳當局進行探索性談判，期望透過百佳超市進入中國大陸零售市場。1983 年 10 月 17 日「黑色星期五」結束後，港元與美元掛鉤，港元匯率穩定下來，韋以安便積極地再次與合作夥伴進行零售「服務性行業合作專案的可行性研究」，透過百佳超市進入中國大陸零售市場，讓當地的消費者以外匯卷購物。[8]

屈臣氏旗下的百佳超市與國營企業招商局深圳集團分公司，以作為當地合作夥伴的目的進行了長達 1 年的談判之後，終於自 1949 年離開廣州以來，睽違 36 年重新踏入中國大陸市場。1984 年 10 月，屈臣氏在中國大陸開設了第一家以合資服務的公司，佔地 800 平方公尺的「蛇口百佳超級市場有限股份公司」（Sekou ParkNShop Supermarket Ltd），持股比例為 60：40。[9] 這個零售合資專案是 1984 年 12 月在北京簽署的《大不列顛及北愛爾蘭聯合王國政府與中華人民共和國政府關於香港問題的聯合聲明》（簡稱《聯合聲明》）前奏曲，同時也反駁了市場上對和黃的負面謠言，以及表達對改革開放的信心。

5. 台灣：美麗的寶島

在台灣，屈臣氏品牌的戒煙藥早在 1890 年代後期，便受到台灣本地鴉片煙民的青睞。1926 年，台北商人李準智家族擁有的藥房，從屈臣氏進口了司各脫（Scotts）品牌魚油。李氏家族翻新了三層樓高的大樓外牆，在其外觀上突顯了屈臣氏的「龍、獅」徽標，並表示其零售店是屈臣氏的授權代理商（圖 19）。1927 年，屈臣氏委任吳氏藥房為台灣代理商，並要求李氏藥房終止使用未經授權的屈臣氏商標且自稱為屈臣氏代理商，此舉對當地客戶造成混亂，也無法確定李氏藥房販售的屈臣氏品牌藥物的真偽。

屈臣氏早已在日本註冊了龍、獅徽標為其商標，在溝通多次不果後，旋即對李氏提出了訴訟與索賠。翌年，日本東京法院正式起訴李氏藥房無視知識產權法律的行為，最終於 1934

⊙ 圖 19　台灣屈臣氏的第一家零售店
來源：作者私人圖片庫。

年法院判決李氏敗訴。屈臣氏與吳氏藥房的代理經銷關係，一直到 1941 年 12 月 25 日日本佔領香港後，才被迫停止。

　　1985 年，屈臣氏在香港的零售業務開始走上軌道，開設了 60 家藥妝及上百家超市，韋以安委派時任屈臣氏藥妝總監文禮士（Rodney Milestone），探討投資台灣市場的可行性。文

禮士回顧了當年選擇台灣作為第一個進入海外市場的理由：

> 1987 年，台灣人口是香港人口的 4 倍，即 2,000
> 萬。在職女性的購物習慣與香港非常接近。我們在台
> 灣調查研究 2 年後，有信心複製香港的成功經驗。[10]

當時台灣的境外投資者，必須與國民黨的黨產中央投資公司合作成立合資公司，才能獲得批准進入台灣市場開展業務。1987 年 6 月初，屈臣氏與中央投資公司達成 50：50 的協議，獲得了「外國投資者身份」的初步批准。1 個半月後的 7 月 15 日，台灣自 1949 年國民政府遷台實施「戒嚴令」後 38 年，突然解除了「戒嚴令」。這對外商政策有著脫胎換骨的改變，無需合資夥伴，外商可以獨資開業，屈臣氏被允許成立全資子公司。[11] 此外，新台幣升值後，進口商品變得更加便宜，這有助於屈臣氏在台灣發展起來。1 個月後，屈臣氏在台北市開設了第一家屈臣氏個人護理店（藥妝），在最後一季又開設了 2 家。屈臣氏台灣藥妝有限公司（Watson The Chemist〔Taiwan〕Ltd.）時任總經理尹輝立（Philip Ingham）在一次採訪中表示：

> 為了保持快速的發展步伐，屈臣氏不得不走出香
> 港。我們首先關注周邊的台灣和新加坡。經過 2 年的
> 市場研究與調查後，我們得出結論，台灣市場可以接
> 受屈臣氏的商業模式與消費理念。

更重要的是，由於台灣的人均收入與消費增加，關稅也相對降低，服務業佔台灣經濟產值的比重日益高漲。我們的商店裡有輕快的音樂，並經常更換產品展示以鼓勵消費者定期造訪。我們正在嘗試創建現代化、時尚、充滿活力和朝氣蓬勃的氛圍。

另外，我們聚焦年輕人，尤其是女性。高達 80%的客戶為 15 到 40 歲的女性，這個比例與我們最初的計畫略有不同。[12]

1 年後，屈臣氏已在台灣建立了 9 家零售藥妝。屈臣氏在短時間內受到台灣消費者的歡迎，引起了當地媒體的關注。《聯合報》在 1988 年 12 月 18 日報導，「滴露」（Dettol）品牌的抗菌肥皂零售價居高不下[13]，每塊重 125 克的「滴露」抗菌肥皂零售價為新台幣 120 元，相同貨品在香港只賣新台幣 21 元，價格相差 6 倍。

香港的關稅政策與台灣截然不同，香港是免稅港，進口產品除了個別豪華房車、香煙與洋酒外，食品、日用品等都是免稅；同時香港也沒有銷售稅。另外，英國滴露原廠在香港的分公司直接將商品銷售給屈臣氏，沒有中間的代理商。當時台灣衛生署規定對非藥用化妝品的進口必須經過台灣總代理，滴露在台的總代理雄恆行包括關稅的進口價為新台幣 24 元，然後以新台幣 28 元賣給經銷商雷能公司，後者調整價格後賣予屈臣氏，最後到消費者手上的價格為新台幣 120 元。屈臣氏在香港與台灣的毛利都是 37%。多方溝通後，零售價最終降低至新台幣 65 元。

6. 獅城，Saya Kembali Lagi 我又回來了！

　　屈臣氏在新加坡擁有悠久的歷史，自 19 世紀末到 1930 年代初，屈臣氏的主要產品為戒煙藥、汽水、家庭藥等。屈臣氏品牌的戒煙藥、汽水為當時最大宗的出口產品，營業金額與淨利也最高。當時全球經濟大蕭條，西方國家對東南亞國家出產的原材料，如橡膠、礦物商品等價格需求疲弱，因此價格一落千丈，並導致數以十萬計的華人勞工返回中國大陸南方省份，屈臣氏的業務亦大受打擊。

　　韓戰結束後，南韓為了節制外匯的流出，在 1957 年大量調高汽水進口的關稅，屈臣氏轉向與馬來西亞當地的合作夥伴生產汽水來替代韓國市場，但因馬來西亞當時政治動盪，業務始終無法發展起來。1973 年，和記野心勃勃的亞洲區成長計畫，推動屈臣氏擴大了對新加坡和馬來西亞的投資，其中包括成立進口和分銷醫藥產品的代理業務。

　　隨著 1979 年的和黃控股權的變更，以及李嘉誠謹慎的理財策略，屈臣氏在 1980 年底專注於香港的零售業務，之前投資在新、馬這兩個市場的業務出售給森那美公司。1984 年，新加坡經歷了數年的經濟不景氣，並預見部分香港企業家想在 1997 年香港回歸中國大陸前部署分散風險的海外投資，已故新加坡總理李光耀邀請了一個香港商業大亨代表團，並出席了新加坡國慶日典禮和活動。這次行程令李嘉誠對新加坡政府的領導才能與零售市場的潛力印象深刻，並認真地考慮將新加坡視為和黃的第二總部（詳見第 12 章）。當韋以安在 1984 年底提出 1985 至 1988 年的第二個三年商業計畫，推薦具有類似香

港文化背景和可觀人均 GDP 市場的台灣和新加坡，作為屈臣氏的首選區外開發市場時，李嘉誠與和黃新任首席行政官馬世民（Simon Murray）兩人立即拍板批准。

韋以安與其管理團隊在接下來的 3 年中，使香港的零售藥妝和超市業務發展到了一定的規模，隨後進軍海外市場。

丹尼斯‧凱西（Dennis Cassey）曾是英國 Underwoods 百貨公司的總經理，他於 1988 年初加入屈臣氏，擔任新加坡和馬來西亞的董事總經理。1988 年 4 月，屈臣氏在新加坡的第一家零售藥妝門市開業，該店鋪佔地 4,000 平方英尺，並位於濱海廣場（Marina Square）購物中心。營業初期，屈臣氏就與當地龍頭佳寧（Guardian）連鎖藥店進行了激烈的商業競爭。佳寧自 1972 年以來，就一直佔據穩固的零售藥房地位，它以健康保健為口號，吸引中產階級家庭。屈臣氏的主要目標客戶是 20 歲出頭的年輕消費者，特別是專業和自由消費的女性。屈臣氏在新加坡零售市場中被消費者認為具有健康、時尚、美容理念的品牌形象，屈臣氏的門市、室內設計、格局和所展售的產品，也確實為獅城的年輕消費者帶來了一口新鮮空氣。

在踏入新加坡市場的第一年，屈臣氏旋即在獅城開設了 8 家商店。除了吸引獅城國內消費者外，對於自身國家缺乏優質品牌的東南亞、南亞國家的遊客而言，地理位置鄰近的新加坡是自然的選擇。5 年後，屈臣氏超越並取代了佳寧，成為新加坡首位的保健與美容專賣店。

7. 澳門

　　澳門在 16 世紀末為羅馬天主教教會通往中國和日本的門戶，從 1757 至 1842 年間，廣州是唯一對外通商的港口，清政府只容許中間商（簡稱「十三行」）作為進出口貿易。一開始，外商來華期間都只能在澳門居住，只在每年的定期貿易會才到廣州與十三行進行貿易談判。第一次鴉片戰爭後，由於澳門鴉片貿易的轉口地位移轉給了香港，澳門開始在 1849 年多元化發展苦力貿易和博奕活動合法化來創造收入，以支援對該領土的管理與營運費用。

　　自 19 世紀末以來，屈臣氏生產的汽水、疳積花塔餅和一系列進口葡萄酒，在澳門的幾家本地葡萄牙人開設的藥房營業。二戰期間，澳門因為葡萄牙「中立」的地位，大量難民從廣東省與香港湧入，人口從 1936 年的 12 萬一度在 1941 年末、香港淪陷時暴增至 50 萬。20 世紀 1950 年代，澳門人口恢復至二戰前的 20 萬人口。

　　1985 年，屈臣氏首次在澳門推廣蒸餾水 Watson Water，並在年度的澳門格蘭披治（Grand Prix）大賽車中被列為官方飲料，加強了屈臣氏品牌在澳門的營銷活動。1986 年，屈臣氏贊助兩隊英國賽車隊參加，其中一隊的第 10 號賽車車手，安迪・華萊士（Andy Wallace）駕駛了屈臣氏贊助的賽車贏得獎盃。到了 1987 年，澳門人口達到 30 萬人，成千上萬的外地遊客，特別是來自香港的遊客在週間和週末來到蘇打埠進行博奕遊戲。[14] 韋以安終於在 1988 年於澳門開設了第一家藥妝門市，

迎接 1989 年澳門賽馬會（Macau Jockey Club）開業時消費者
的光顧。

8. 總結

　　1982 年是屈臣氏重新出發的一年。當年 7 月，屈臣氏的
西藥與進口代理部門轉到和記的貿易部門，各自專注於零售、
食品與製造業及貿易領域。當年，屈臣氏與和記的業績合併後
的營業額與利潤為 10.91 億港元和 3,300 萬港元（圖表 10），
這年也是韋以安任職屈臣氏的第一年，業績顯示與去年相比有

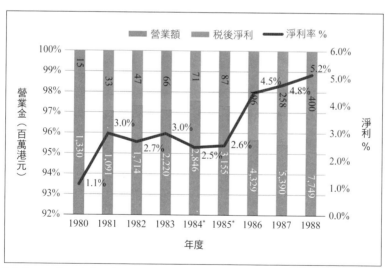

* 由於 1983 年 9 月港元對美元的貶值幅度為 13%，因此和黃屬下和記與屈臣氏的進口
　商品淨利在 1984 年和 1985 年有所下降。

◉ 圖表 10　1980-1988 年，和黃貿易和零售部門的表現
　　資料來源：和黃年度報告。

了改善，製造業的表現尤其出色。這是由於屈臣氏品牌的蒸餾水、果汁先生（Mr. Juicy）飲料等的包裝，從玻璃瓶到鋁罐轉換至四方硬紙盒或塑膠瓶，成本得以減輕；以及雪山雪糕營業額大增，在過去的 5 年內首次有可觀的淨利。到了 1983 年底，屈臣氏的百佳超市和藥妝門市的數目，從 1981 年的 15 家和 5 家，分別增加至 78 家和 30 家，增幅 540%（圖表 11）。

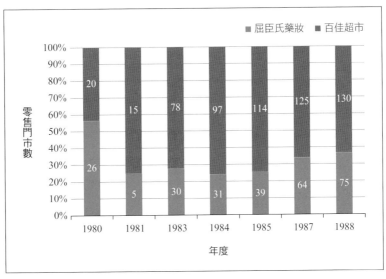

⊙ 圖表 11　1980-1988 年，百佳超市與屈臣氏藥妝門市數目

資料來源：和黃年度報告。

　　1984 年，對香港與屈臣氏而言都是不平凡的一年。當年 8 月，和黃的首席行政官從李察信變更為馬世民。屈臣氏隨著飲料和其他優質食品對中國大陸出口的增加，同年 10 月與招商局在深圳蛇口重新成立第一家 60：40 比例的百佳超級市場。

到了年底，屈臣氏食品與製造部門在香港的蒸餾水市場中佔有80% 份額、果汁佔 65%、罐裝飲料的市佔為四分之一、雪糕的市佔為三分之一。隨著香港前途落實，屈臣氏在 1985 年步入快速成長期，從年初的 31 家藥妝與 97 家超市，增加到 1988年的 75 家與 130 家超市，其零售點總數在數量 3 年內翻了一番。這是由於越來越多的專業年輕人士選擇了新的生活購物方式，以及中國大陸遊客在香港過境人數增加，為商務夥伴和家庭成員購買紀念品所致。韋以安在 1987 至 1988 年期間，帶領了屈臣氏衝出鯉魚門，進入寶島福爾摩沙、南下東南亞的新加坡，開展了期待已久的全球化歷程。同時，在製造業方面，屈臣氏 1980 年代後期在廣州也投資建立了雪糕工廠，並在華南各省建立了營業網路。

第 5 章

扎根南海諸國

1. 簡介

　　1989 年，和黃的合併財務報表顯示，公司的營業業績和稅後淨利分別為 176.85 億港元和 41.05 億港元。其中，香港市場營業額和稅前息前淨利（EBIT）佔總額的 91% 和 87%（圖表 12、13）。和黃雖然有一些境外投資，基本上是一家本土公司而不是全球化的企業。和黃的貿易及其他服務（屈臣氏是關鍵的一部分）貢獻了 100.89 億港元和 10.5 億港元，分別佔集團總額的 57% 和 25.6%（圖表 14、15）。作為一家向投資者與股東負責的上市公司，尤其是海外投資者與策略性股東，迴避風險與降低依賴單一市場是金科玉律。1989 年 6 月 4 日，北京天安門事件發生；無獨有偶，和黃也在 1989 年下半年開始在英國與澳洲發展移動電訊的投資，作為分散風險的長期策略之一。

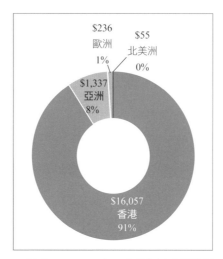

⊙ 圖表 12 1989 年,和黃各區域營業額

資料來源:公司註冊署和黃年報。

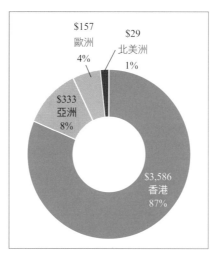

⊙ 圖表 13 1989 年,和黃各區域稅後淨利

資料來源:公司註冊署和黃年報。

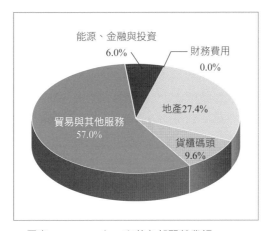

◉ 圖表 14　1989 年，和黃各部門營業額

資料來源：公司註冊署和黃年報。

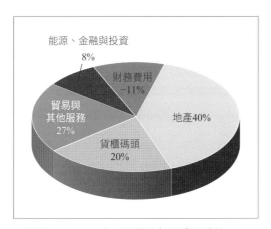

◉ 圖表 15　1989 年，和黃各部門稅後淨利

資料來源：公司註冊署和黃年報。

　　1989 至 1997 年期間，亞洲各國的人均 GDP 每年遞增。
此時，屈臣氏先後在東南亞各市場建立了屈臣氏或百佳品牌的

零售業務,並在中國大陸、台灣、香港、澳門、馬來西亞、新加坡和泰國等藥妝與超市市場取得了領導地位。雖然屈臣氏的零售業務大部分都是全資子公司,但中國大陸和泰國的零售業務是與當地國有企業或家族合資建立,這是由於當時這些國家的法律不允許外資全資擁有全國性的零售與服務業。作為一家「財星500大」(Fortune Global 500)的企業,以及對股東負責的上市公司,和黃致力成為一家全球性的企業,聚焦於數個可以持續發展的業務,積極尋找在已開發國家與新興國家或地區做出投資,最重要的考量是在高成長、高回報與穩定、低風險之間,取得平衡。

2. 重回神州與聚焦核心零售業務

在闊別北京 90 年後,屈臣氏終於在 1989 年 5 月 30 日重新於北京的王府飯店開業。[1] 北京屈臣氏是 1949 年中華人民共和國成立後,第一家在中國大陸開設的港商零售藥妝。當時,王府飯店內的屈臣氏定位為高級、時尚的健康和美容商店,目標客戶是飯店住客,包括商務人士和當地部分崇尚產品品質的顧客。時任屈臣氏藥妝董事的文禮士,參與了與當時飯店業主的談判,確保可以每月順利從香港向北京屈臣氏發運貨物和對每批貨物進行清關和檢查。文禮士明回憶了當時在北京開設首間零售店的原委:

> 將屈臣氏品牌打造成中國大陸現代、高檔、健康和
> 美容商店的機會非常難得,和黃的董事總經理馬世民

與屈臣氏集團董事總經理韋以安，都非常積極地進行
海外擴張。屈臣氏的北京旗艦店，被定位為在中國大
陸該領域的領導者。[2]

1989 年 10 月，香港殖民地總督戴維‧衛亦信爵士（Sir
David Wilson）提出了 1,500 億港元的「玫瑰園計畫」，目的是
在赤鱲角建設一個新機場和相關基礎。這個消息為因六四事件
而低迷的香港經濟匯市帶來了活力。相信也促使翌年 1 月和黃
完成將「和記」與「和寶」兩家公司以 8.7 億港元售予英之傑
太平洋集團 IPG。和黃董事總經理馬世民說：

> 兩個營業部門的出售，是公司希望專注於其集裝箱
> 碼頭、能源、房地產和飯店、電信和零售等核心業
> 務。[3]

豐澤：電氣和電子產品零售

豐澤集團是香港的電器和電子零售商，由香港電燈有限公
司（簡稱「港燈」）於 1975 年在香港成立。港燈自 1890 年獨
家提供電力給香港島的工商業與家庭電力消費者，是香港兩個
持有政府專利的電力供應商之一（另一家是由英籍猶太人嘉道
理家族擁有，獨家供應九龍與新界地區的「中華電力有限公
司」）。1985 年，英資「怡和洋行」集團在企業重組過程中，
為了減輕債務，將港燈轉售給李嘉誠的和黃集團。

豐澤最終於 1990 年從和黃的能源與基建部門，透過內部

轉售到專注於零售業的屈臣氏零售、製造部門。同年，豐澤旗艦店在原黃埔船塢舊址開發的新落成黃埔花園內、38,000 平方英尺「船」購物中心開業（內有大型百佳超市），服務區內有著私人的 10,000 間公寓和 40,000 名居民的潛在消費者。[4]

　　豐澤的一站式營商策略，除了從大型跨國品牌量化購買白色家電的價值戰略外，還推出了自有品牌供應常規和季節性電器用品以提高淨利率。在香港，從 1991 至 1997 年間，豐澤的實體門市由 30 家快速增加至 49 家，然後在金融風暴的翌年，仍然保持門市的數目與市場佔有率（圖表 16）。1997 年的亞洲金融風暴，對台灣市場的影響，比起東南亞的新、馬、泰較小，在可控範圍之內，豐澤在 1998 年進入台灣市場，並很快在台北市開設了三家零售門市。

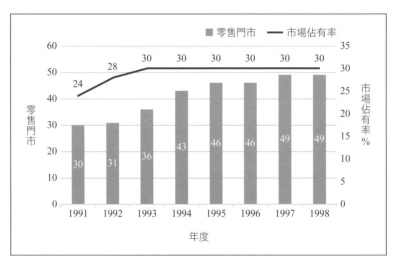

⊙ 圖表 16　1991–1998 年，豐澤在香港的零售點和市場佔有率
　　資料來源：公司註冊署和黃年度報告。

　　屈臣氏的管理者很快就發現當時台灣的零售電子、電器市場並不值得建立可持續獲利的業務，可能基於當地消費者的文化習慣：

- 當地最大的競爭對手「燦坤」，在全島都已有大賣場形式的電子、電器店鋪，滿足台灣工薪階層為首的家庭客戶選購他們心儀的廉價、多功能產品。
- 此外，注重成本的低收入消費者，特別是有家庭負擔的中年在職主婦，習慣將使用多年的電器拿去修理而不熱衷於選購新款的品牌家電產品。
- 數以萬計的「個人」店主以「711」的開業時間，任勞任怨、風雨無休地為附近地區居民服務。

　　豐澤認為高檔的零售電子與電器業市場還沒有成熟，短期內消費者不會改變他們的購物習慣，沒多久便從寶島撤退。這個寶貴經驗，讓屈臣氏管理者對亞洲中產家庭的購買意願與優先次序有了更透徹的瞭解，在進入新市場時，將會更妥善地考慮各項成功因素。

3. 馬來西亞，Selamat pagi，好日子！

　　自 18 世紀中葉以來，華人勞工在馬來西亞與印尼的錫礦和橡膠種植園工作。19 世紀末、20 世紀初，屈臣氏出口到東南亞的產品為汽水、家庭藥和戒煙藥等，供成千上萬的華人勞工服用。1920 年代末，屈臣氏受到歐美的經濟大蕭條影響，出口東南亞的業務受到打擊而萎縮。1953 年韓戰結束時，屈

臣氏開始在馬來西亞投資，並以專營權的模式授權當地一家企業使用屈臣氏品牌來生產汽水和西藥。當時，適逢英國準備撤離馬拉亞殖民地，政治動盪，影響經濟與貿易，屈臣氏合作夥伴的當地製造業務沒法起步，公司於 2 年後夭折。

1970 年代初期，在和記董事會主席祁德尊的擴張策略下，屈臣氏在新、馬成立了一家西藥代理公司，以分銷進口的處方進口藥為主。1980 年，和黃已歸納於李嘉誠旗下，當時為了聚焦香港的業務，獲利不高的海外代理商業務包括新、馬等投資，都轉讓給森拿美集團（Sime Darby）。8 年後，和黃的財政因為在香港發展的地產專案而變得充裕，屈臣氏在 1988 年終於再次進入新加坡成立零售藥妝。初期，屈臣氏充滿時尚、動力的概念與年輕化的品牌形象，在新加坡與當時的佳寧藥房集團一爭市場，並於數年後實現收支財務平衡。隨後，屈臣氏也旋即在 1994 年初重新進入馬來西亞。其第一家屈臣氏藥妝在新加坡堤岸對面的柔佛州（Johor）首府新山市開張，1 年內，屈臣氏開設了 3 家藥妝門市。

馬來西亞的業務發展充滿了挑戰，因為當地的 Apex 和佳寧連鎖藥房的品牌已廣為消費者接受。3 年後的 1997 年，屈臣氏在馬來西亞全國開設了 29 家藥妝門市，超越 Apex 與佳寧。

4. 暹羅，薩瓦迪卡！（你好，泰國！）

泰國在 1990 年代的醫療體系，是公共和私人醫學服務的

混合體。許多受雇於公立醫院的醫生白天在醫院上班，晚上則在家中經營私人診所，替那些白天無法在公立醫院排隊等候應診或休病假的病人看診。零售藥房的運作猶如 19 世紀的草藥師一樣，在「711」的時段內營業，無需醫生處方也可以提供抗生素、降脂他汀類藥物，或用於濕疹的類固醇藥膏與西地那非檸檬酸鹽片（治療陽萎的一種學名藥）等藥物[5]。屈臣氏於 1990 年進入泰國市場，在首都曼谷開設了第一家百佳超市，但在苦苦掙扎了 1 年之後，仍舊關門大吉，因為泰國中產階級消費者更喜歡每天在菜市場購買新鮮食品、與攤販討價還價；開放、自助、預先包裝的超市概念，對泰國的消費者而言還為時過早。

　　1996 年是泰國零售保健和美容市場繁忙的一年。英國「博姿」（Boots）在曼谷開設了第一家零售藥妝店。[6] 6 個月後，屈臣氏藥妝也在曼谷開業。首年，屈臣氏就在曼谷開了 3 家商店。但是，泰國是 1997 年亞洲金融風暴首當其衝的國家，經濟受到沉重打擊。無獨有偶，博姿與屈臣氏的當地合作夥伴都是泰國華僑鄭心平（Chirathivat）家族的企業：博姿的合資夥伴是中央零售食品集團（Central Retail Food）；而屈臣氏藥妝的合資夥伴是中央百貨集團（Central Department Store），彼此是直接的競爭對手。[7]

5. 風雲變幻的的亞洲市場

　　1989 年，屈臣氏在亞洲經營的 260 家零售門市中，有 86

家藥妝，佔 33%；到了 1994 年，屈臣氏在亞洲的 447 家零售門市中，有 193 間藥妝，佔 43%。翌年，屈臣氏的 243 家藥妝門市數量，終於超越百佳超市的 223 家。到了 1996 年底，屈臣氏藥妝已發展至 311 家，在此期間業務拓展至 7 個國家與地區，成長了 3.6 倍。台灣的成長幅度最大，開設了 133 家藥妝門市；香港開設了 82 家門市；新加坡了開設 43 家門市（圖表 17、18）。在 1989 至 1997 年的 10 年中，亞洲國家與地區的人均 GDP 每年都持續上升，成長率在 6% 至 8% 之間。按購買力平價計算的人均 GDP，從 1989 年的 9,283 美元，增加到 1997 年的 17,806 美元。在此期間，依購買力平價計算的中國大陸人均 GDP 也從 1990 年的 987.6 美元，成長到 1997 年的 2,281 美元。

1997 年 7 月 2 日，突如其來的金融風暴動搖了東南亞國家本來就脆弱的金融體系，它們嘗試以出口大宗商品拉動國內經濟，或吸引外國遊客驅動旅遊業的發展，但成效卻不大。這是因為它們在未有充分準備下，完全開放金融市場成為全球避險基金的獵物，一夜之間股票、房地產和本國貨幣的價值暴跌，面對市場的恐慌性拋售而束手無策。首先，受影響最大的是泰國，然後迅速蔓延至北亞地區的韓國，整個亞洲除了中國大陸與台灣外，所有屈臣氏有業務的地區，1998 年人均 GDP 均下降到負數範圍，跌幅最大的前三名為：印尼、韓國與泰國。[8, 9, 10] 中國的金融體系因為並未對外完全開放，不受避險基金的襲擊而僥倖避過亞洲金融風暴。

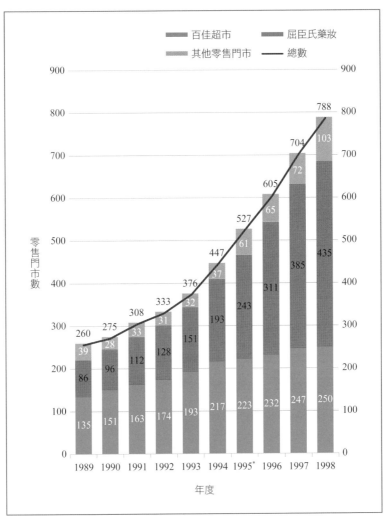

⊙ 圖表 17　1989-1998 年，屈臣氏各類門市分布

　　資料來源：公司註冊署和黃年報。

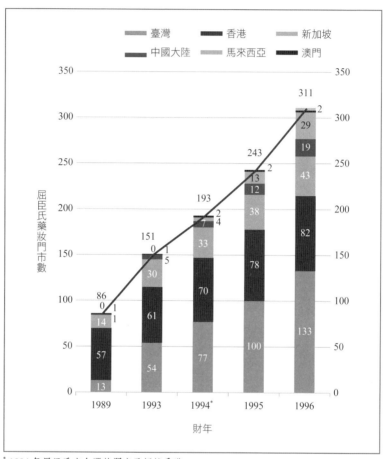

⊙ 圖表 18　1989-1998 年，屈臣氏藥妝門市在亞洲地區的分布
　　資料來源：公司註冊署和黃年度報告。

6. 製造業的星級產品：蒸餾水、雪糕

1973 年，屈臣氏為擴大百佳超市的冷凍食品供應而開始進入冷凍食品製造業務。

1980 年，翟天安博士於成為屈臣氏的食品與製造部總監，他開始為飲料業務制定可持續的商業策略，並選擇雪糕及蒸餾水作為其在未來 20 年維持獲利的法寶。[11, 12] 同年，屈臣氏開發了「雪山」（Mountain Cream）品牌的雪糕，透過相同的分銷管道，屈臣氏於 1985 年成為「醉爾斯」（Dreyer's）高檔雪糕品牌香港的分銷商，其產品在香港和中國大陸都屬於高級消費者市場。1980 年代後期，屈臣氏在廣州建立了雪糕工廠，並在華南各省建立了營業網絡。

屈臣氏大瓶裝水也很快地進入了辦公室飲用水市場，還透過街角商店和超市的相同分銷管道，發展了雪糕的冷凍食品業務。1985 年的澳門格蘭披治大賽車賽事，屈臣氏品牌的蒸餾水被運動愛好者接受為「涼爽、運動、時尚」的止渴提神飲料。屈臣氏的營銷模式是在與客戶訂立一個長期飲用水合約時，免費提供冷卻器，客戶無需預先購買冷卻器便可以享用高品質的礦泉水。在香港取得了十多年的消費者與辦公室飲用水市場成功經驗之後，屈臣氏也在歐洲飲料市場進行市場調查，並於 1998 年進軍英國（詳見第 6 章第 5 節）。

7. 總結

中國大陸市場是一個長線投資的典型案例，雖然屈臣氏分

別在 1984 與 1989 年已在深圳、北京投資開設百佳超市及屈臣氏藥妝，但因為市場與消費者的條件還有很大的差距，超市業務與藥妝業務預計在 10 年與 15 年後，才按沿海城市高人均收入局部發展。1989 至 1997 年期間，亞洲各國的人均 GDP 每年遞增，也是屈臣氏出戰亞洲、並在各市場建立屈臣氏或百佳品牌，以及取得藥妝與超市業務領導地位的最佳時機。1990 年，和黃出售兩家下屬的貿易及工程公司和記與和寶，專注於核心業務之上。

1997 年 5 月，屈臣氏與瑞士旅遊零售集團 The Nunance Group（TNG）成立了合資企業，在亞洲主要經營機場免稅店。[13, 14] 當年 7 月的亞洲金融風暴，對和黃與屈臣氏而言是一個提醒，全球化是分散風險的必要策略。

和黃零售、製造及其他服務的另外一個重要企業是和記黃浦（中國）有限公司（簡稱「和中」），在 1980 年成立，是一個專注在中國大陸投資的策略性投資者。一開始，和中引進國外的大型跨國企業到中國投資建廠，生產當地需要的產品。其中一個典型的例子，是於 1988 年與美國的跨國消費日用品公司寶僑（P&G）成立保潔—和記有限公司，合資企業在廣州生產及分銷一系列的洗髮、護髮、香皂、洗潔劑、牙膏及紙產品等。

雖然 1998 年的亞洲金融風暴對和黃的零售、製造及其他服務營業部門營業額有重大影響，從 1997 年的 214.4 億港元只增加了 1% 至 215.8 億港元，但 EBIT 卻從 13.36 億跌至 8.45 億港元，下滑 37%。屈臣氏零售、製造和其他服務部門對和黃的營業額與稅後淨利的貢獻，分別為 34% 與 5%（圖 19、20）。

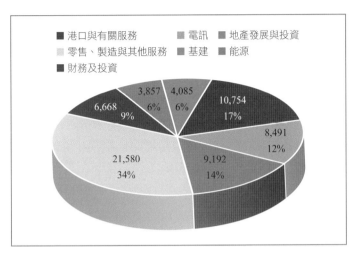

⊙ 圖表 19　1998 年，和黃營業額 635.24 億港元（依業務部門）
資料來源：公司註冊署和黃年報。

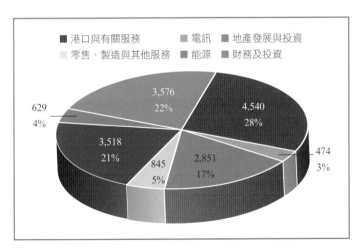

⊙ 圖表 20　1998 年，和黃 EBIT 164.33 億港元（依業務部門）
資料來源：公司註冊署和黃年報。

　　1998 年，和黃在香港市場營業和 EBIT 貢獻分別從 1989
年的 91% 和 87%，降低到 57% 和 70%，或分別下降了 34%
與 17%（圖表 21、22）。這個地域投資比重的改變明顯展示和
黃在追求持續性的獲利發展，以及如何平衡全球化策略與風險
的分散藝術。屈臣氏作為和黃五個支柱業務群之一的關鍵零售
與製造業，韋以安已經在英國積極地開拓業務，他的下一步會
是如何帶領屈臣氏的全球化業務更上一層樓。

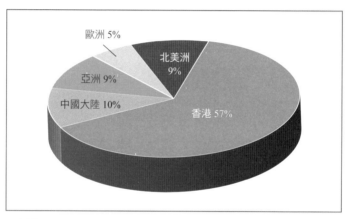

⊙ 圖表 21　1998 年，和黃營業額 635.24 億港元（依地理區域）
　　資料來源：公司註冊署和黃年度報告。

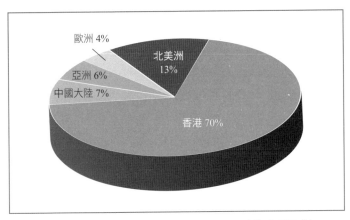

⊙ 圖表 22　1998 年，和黃 EBIT 164.33 億港元（依地理區域）

資料來源：公司註冊署和黃年報。

第 6 章

進入歐洲的雙跳板

1. 簡介

　　1997 年 7 月引發亞洲金融風暴的疲弱市場，一直延續至 1999 年下旬。屈臣氏在 1998 年 10 月收購了一家位於英國牛津郡的瓶裝水公司，作為進軍歐洲的前哨，從此落腳英國，並開始注意英國的保健與美容零售業動態。和黃在 1999 年的收入為 724 億港元，同比增加 14%，香港市場佔全球營業額比重的 61%。零售與製造業佔和黃營業三分之一，達 238.05 億港元，同比增幅 10%。

　　2000 年危機（Y2K，簡稱「千禧蟲」）促使企業提前購買電腦硬體、軟體和增聘資訊科技人才，當年歐亞的經濟年度增幅一度上升，亞洲的新興國家人均 GDP 增幅為 3.4% 至 8%，東歐為 4.2% 至 4.6%，而西歐為 3.0% 至 4.2%。當年 9 月 4 日，屈臣氏以 7,000 萬英鎊收購了總部位於英格蘭東北部達勒姆郡（County Durham）的 173 家 Savers Health and Beauty（簡稱 Savers）以高折扣價為賣點的藥妝零售連鎖店[1]（詳見本章第 3

節）。這次的收購，可被視為屈臣氏雄心勃勃進入歐洲之前在英國的暖身賽。2000 年，和黃零售與製造業營業額再創高峰，達272 億港元，同比增幅 14%。2001 年 9 月 11 日，美國紐約世貿中心的恐怖攻擊令到全球信心再度崩盤。[2] 但屈臣氏因為在歐洲的飲用水與藥妝業務，營業額卻有所增加（圖表 23-26）。

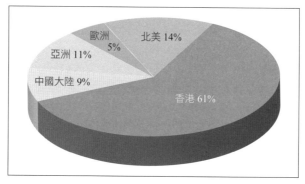

⊙ 圖表 23　1999 年，和黃營業額 724 億港元（依地區分布）
　　資料來源：和黃年報。

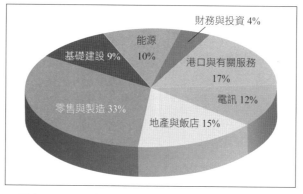

⊙ 圖表 24　1999 年，和黃營業額 724 億港元（依業務分布）
　　資料來源：和黃年報。

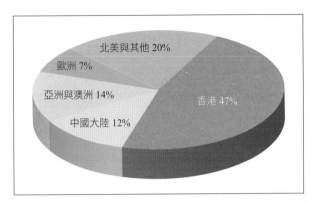

⊙ 圖表 25　2001 年，和黃營業額 890 億港元（依地區分布）
資料來源：和黃年報。

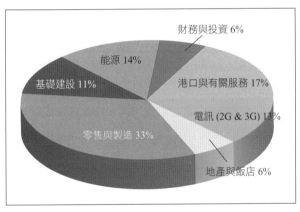

⊙ 圖表 26　2001 年，和黃營業額 890 億港元（依業務分布）
資料來源：和黃年報。

2. 進入歐洲的第一塊英國跳板：Powwow 飲用水

　　屈臣氏生產蒸餾水的歷史超過 100 年。在香港，屈臣氏品牌的蒸餾水與蘇打水都是市場上的領先品牌。1998 年第四季，屈臣氏水公司收購一家位於英國牛津郡朗漢斯伯勒（Long Hansborough，Oxfordshire）的 Crystal Spring Water（水晶泉水）瓶裝水公司，以及位於中部的 Braebourne Waters 礦泉水公司。這兩個品牌共佔英國家庭與辦公室飲用水市場的 17%。韋以安旋即任命馮尼根為屈臣氏水（歐洲）的首席行政官，並啟動礦泉水的業務（圖表 27）。

　　Powwow 飲用水品牌是和黃在英國投資的 Orange 電訊業務品牌的同時，由一家廣告代理商 Wolff Olins 在 1999 年創立。自 2000 年開始，屈臣氏收購一些歐洲國家礦泉水品牌後，便統一使用 Powwow 品牌。1 年之內，

1998 年 8 月
屈臣氏水（英國）
控股有限公司成立

1998 年 10 月
收購 Crystal Spring
Braebourne
礦泉水公司

1999 年
創建 Powwow 品牌

2001 ～ 2002 年
繼續在歐洲收購多家
礦泉水公司並建立
Powwow 品牌知名度

2002 年
英國飲用水市場佔有
46%，在歐洲與
英國共有 1,500 員工、
年度銷售額 1.2 億歐元

2003 年 1 月
雀巢投資 5.6 億歐元
收購 Powwow 品牌
飲用水業務

⊙ 圖表 27　Powwow 里程碑

屈臣氏總共收購了 12 家歐洲礦泉水、飲水機及其輔助設備和用品製造廠。在英國，Powwow 的業務除了第一年營業額與利潤還沒有走上軌道外，第二年就有了 3,180 萬與 250 萬英鎊 EBIT 或 7.9% 淨利率（圖表 28）。

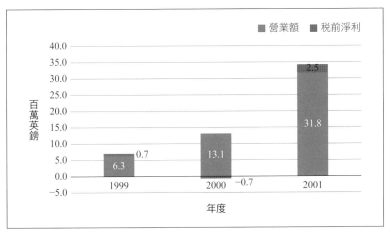

⊙ 圖表 28　1999–2001 年，英國 Powwow Limited 營業額與利潤
　資料來源：英國公司註冊署。

　　雖然，歐洲的飲用水市場非常龐大，但是品牌的推廣成本對一個新品牌來說，也是不小的負擔。但是，這個行業的進入門檻並不是高不可攀，因此還是有眾多小型廠與一些地方政府有合作，造成市場進入容易、防守困難（詳見第 7 章）。

　　歐洲市場因為預防千禧蟲問題的出現，在 1999 年也經歷了一次小陽春。但在 2000 年下半年的網路泡沫破裂後，經濟迅速下滑；1 年後的 2001 年 9 月 11 日，美國紐約的世貿中心與維吉尼亞州的五角大廈（美國國防部）遭遇恐怖攻擊而受到

重創。這個恐攻對零售經濟產生了長達 1 年的負面影響，直到 2003 年才有部分國家恢復正常。

在這期間，許多歐洲的零售集團面對經濟困境，各出奇謀，目的是維護營業額與利潤。英國的連鎖超市也積極地發展美容與健康類產品組合，尤其是洗護用品，試圖瓜分傳統藥房、藥妝店的零售業務。他們啟動的新一輪價格戰，對藥房、藥妝造成了巨大的壓力。因此，英國一些多元化上市公司便紛紛出售他們認為非核心的傳統藥房或藥妝零售業務，集中彈藥發展他們認為有前景的戰略性業務。

屈臣氏抓住了歐洲市場不確定性的機會，在 2000 年 9 月及 2002 年 9 月收購兩家健康和美容零售企業，即英國的 Savers 和荷蘭的 Kruidvat 集團，從而晉身全球零售藥房、藥妝領域的前三名。在收購與合併過程中，盡職調查對方公司、談判與買賣合約的簽署只是一個漫長的開始，兩間公司的整合才是真正的挑戰。格雷姆·甘迺（Gramme Kenny）在他一篇〈不要犯這種併購中常見的問題〉一文中指出：

> 根據大多數研究，有 70% 到 90% 的收購，最終面臨失敗。對於這個令人沮喪的數字，大多數解釋都強調了有關兩方整合的問題。[3]

3. 進入歐洲的第二塊英國跳板：Savers 藥妝折扣店

1999 年 10 月，和黃轉售了在英國的 Orange 電訊業務獲

得了一筆龐大的收入，讓其支柱的核心業務，包括屈臣氏，在實現歐洲區域性擴張的策略上有了額外的現金。[4, 5] 當年，韋以安積極發展屈臣氏在歐洲的飲用水業務時，時時刻刻留意歐洲市場湧現的零售保健和美容業務的機會。當他得悉 Savers 意圖出售時，他瞬即向和黃集團董事總經理霍建寧彙報，進行調查並向和黃的董事主席李嘉誠清晰地表達了收購 Savers 在歐洲藥妝市場的戰略性意義。[6] 藥妝主要開在市中心或大街上，但也有些是在二、三線城市或城鎮的住宅區內。

1987 年，資深藥妝管理者李察・唐克斯（Richard Tonks）於當年 12 月在英格蘭北部杜倫郡（County Durham）成立了 Savers 售賣非處方類藥品、洗護用品的折扣藥妝店，[7, 8] 其目標客戶住在英格蘭北部的二、三線城市。Savers 在 2000 年 1 月以總成本 590 萬英鎊收購了 Gehe 集團屬下萊斯（Llyods）的 115 家 Supersave 連鎖藥妝店。[9] 2000 年 1 月底，Savers 在距達勒姆郡（Durham）37 公里的達林頓郡（Darlington）開設了一個新的配送中心，以應對更大的配送量。

時任英國 Gehe 公司首席執行官邁克爾・沃德（Michael Ward）接受英國《藥劑週刊》訪問時說：

> 在過去的 2 年中，Supersave 投入了大量的時間和精力以提高商店的業務績效。出售 Supersave 藥妝零售店的決定使我們能夠專注於核心藥房業務。[10, 11]

Savers 於 2000 年的營業額和 EBIT 為 5,150 萬英鎊和 510 萬英鎊，同比成長為 71% 和 173%。EBIT 佔收入的百分比從

6.2% 增加到 10%，可能原因是更大的規模經濟和供應商批量折扣利潤率提高所致。[12, 13, 14] Savers 自 2000 年 9 月 4 日被屈臣氏以 2,370 萬英鎊收購後，戰略便建基於三個主要驅動因素：[15]

- 門市位置選擇在低租金的非中央購物區。
- 熱門品牌產品的折讓大於競爭對手。
- 明亮、標準陳列，提供便利的愉悅體驗。

到了 2001 年 5 月 27 日，藥妝門市增加至 197 家。[16] 屈臣氏的季刊《WatsOn》這樣描述：

> 其簡單的商店設計、強大的物流和較低的營運成本，突顯了其深厚的折扣（經營）模式，與屈臣氏的現有價值保持同步，從而為其收購提供了更多動力。Savers 對民生沐浴用品的關注在市場上引起了共鳴，在過去 2 年中推動了門市數量的大幅成長。[17]

Savers 的創辦人兼常務董事唐克斯（Richard Tonks）成功整合 Supersave Drug Stores，以及監督 Savers 業務過渡到屈臣氏旗下，之後他繼續擔任該職位 2 年。屈臣氏在收購 Savers 後的第一年業績，按往年於 2001 年 5 月 27 日結算；第二年的財務核數調整為 7 個月（即 5 月 28 日至 12 月 31 日）以符合和黃與屈臣氏的公司年度結算日 2001 年 12 月 31 日。然而，若將其推算為 12 個月，其營業額和利潤則明顯下降。屈臣氏在融合新收購的 Savers 藥妝企業中，公司文化的融合並不是韋以安最為頭疼的難題；最大的挑戰來自英國全國性的大型連鎖超

市集團在搶奪連鎖藥房、藥妝的個人洗護產品市場時，如何以
較大的折扣吸引消費者；且政府的最低工資及全球市場經歷了
排山倒海式變化等，導致英國的人均 GDP 下滑了 0.6%。[18]

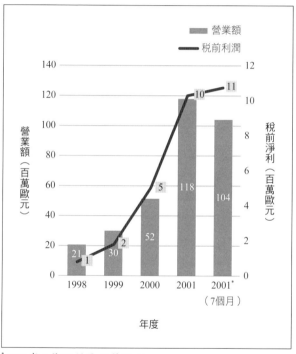

* 2001 年 5 月 28 日至 12 月 31 日。

⊙ 圖表 29　1997-2003 年，Savers 營業額與稅前淨利
資料來源：英國公司註冊署。

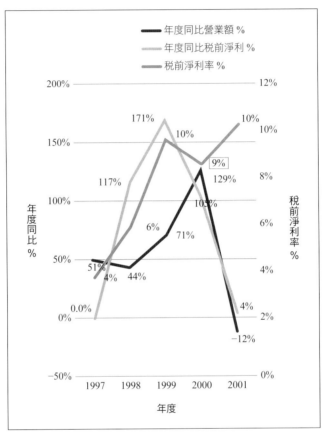

⊙ 圖表 30　1997-2003 年，Savers 健康美容有限公司營業額與
稅前淨利率

資料來源：英國公司註冊署。

4. 屈臣氏專注於零售業務出售非核心業務：雪山雪糕

英國、荷蘭資本的聯合利華（Unilever）旗下和路氏（Wall's）的「和路雪」品牌雪糕，於 1994 年建立了中國雪糕業務，隨後在 70 個城市（主要在中國中部和北部省份）建立了分銷網路。[19] 雖然，屈臣氏的雪山品牌雪糕與代理的醉爾斯高級雪糕品牌，在華南地區及香港都有可觀的市場份額，但面對全球雪糕行業強敵，如雀巢及和路氏，屈臣氏有兩個策略選擇：一個是準備長期作戰，投入更多資金在各個區域建立工廠、品牌、管道與高昂的冷凍鏈（運輸與儲存雪糕）與制定價格吸引的產品組合；另一個選擇是待價而沽，聚焦高利潤的零售藥妝業務。聯合利華預見屈臣氏的雪山與醉爾斯品牌雪糕在戰略上符合強化和路雪在華北與華東地區的領導地位。雙方談判一拍即合，屈臣氏在 1999 年 1 月出售雪山牌雪糕給聯合利華集團。[20] 此次業務的出售賣價為 9,500 萬美元，年報中提及該業務出售獲利。

5. 總結

從 1999 至 2001 年，世界經濟動盪，零售業猶如坐雲霄飛車一樣，一年上、一年下。在這 3 年裡，韋以安面對市場不穩定性的同時，還需平衡投資於快速成長的英國 Powwow 飲用水品牌，以及併購 Savers 藥妝的策略，這是他在事業上另一次充滿刺激的挑戰。1999 年，和黃零售、製造及其他服務部

門的營業額為 238.5 億港元，與年度同比增幅 10%；EBIT 為
3.13 億港元，與年度同比增幅 56%。[21] 2000 年，部門營業額
為 272.5 億港元，與年度同比增幅 14%；EBIT 為 6.7 億港元，
與年度同比減少 49%。[22] 當年 9 月的收購英國 Savers 連鎖藥
妝，導致 2001 年的營業額增幅 8% 至 295.43 億港元，但 EBIT
5.4 億港元與年度同比減少 19% [23]。

　　和黃的零售、製造及其他服務部門，在 2001 年的營業額
為集團總營業額 890.38 億港元的三分之一，即 295.43 億港
元。營業額從 1998 年的 215.8 億港元躍升至 2001 年的 295.4
億港元或 2.5 倍。屈臣氏藥妝的零售門市從亞洲 6 個國家中的
780 家，增加了包含英國的 7 個國家與 1,139 家門市，分別躍
升 16.7% 和 46%。真正的挑戰來自成熟市場的零售業環境，特
別是英國 Tesco、Sainsbury 和 Asda 等連鎖超市的規模比起其
他藥房或藥妝要大得多。他們的優勢在於擴大健康和美容產品
組合時，只需增加邊際成本，而不是像 Savers 和 Superdrug 商
店，必須承擔全部的分銷和管理的行政費用。

第 7 章

晉身歐亞前三大藥妝業
的機遇

1. 簡介

屈臣氏在 2000 年收購了擁有 170 多家的 Savers 折扣藥妝，韋以安接著瞄準歐洲大陸零售健康和美容領域，並緊在 2002 年 8 月收購設於荷蘭中部倫斯沃德市（Renswoude）為總部的 1,900 家 Kruidvat 折扣藥妝門市。Kruidvat 集團擁有幾個零售品牌，其中包括比利時 ICI Paris XL 連鎖香水店、荷蘭的 Kruidvat 和 Trekpiester 藥妝折扣店、英國的 Superdrug 藥房與藥妝折扣店，並擁有德克·羅斯曼（Dirk Rossmann）家族在德國的連鎖藥妝折扣店 40% 股權，以及在波蘭、匈牙利與捷克等中歐地區的同類業務 50% 股權。

此項收購 Kruidvat 集團的行動，使零售與製造業務在和黃的多元化投資組合中的佔比提高至 43%，成為最大的收入來源。由於韋以安的藥妝商業模式已在亞洲及歐洲的新興國家落地生根，加上在中國大陸與台灣的成功經驗，若能在其他人口眾多的黃金地區例如巴西、印度、南非等複製，屈臣氏將成為

全球獨一無二的藥妝模範。屈臣氏在 2003 年 1 月出售其 4 年前建立的歐洲 Powwow 品牌飲用水業務給瑞士雀巢集團，使其能夠專注於零售藥妝市場的成長計畫。儘管有效執行進入歐洲市場的策略，但是荷蘭、比利時和盧森堡（荷比盧，英文簡稱「Benelux」）經濟聯盟和德國經濟在 2003 年呈現萎縮；同時，東南亞（中國大陸以外）的國家及地區仍然未能完全恢復，都直接影響屈臣氏的零售業務成長。

2. 進入歐洲大陸的難得機會

1927 年，威廉·格林伍德（Willem Groenwoudt）於荷蘭北荷蘭省東南部城市布森（Bussum）開設了他的第一家超市。格林伍德於 1950 年代退休時，他的女婿雅各柯·德里克（Jacobus Cornelis de Rijcke，1924-1997）接管了 8 家格林伍德超市。在接下來的 40 年中，德里克透過收購許多區域性超市連鎖店，建立了數千家超市連鎖版圖。[1] 1975 年，德里克在迪克·西勃蘭特（Dick Siebrandt）的協助下，在家鄉布森開設了首家 Kruidvat 藥妝折扣店。[2] 1983 年，Kruidvat 在荷蘭已建立了 100 家連鎖門市；4 年後，Kruidvat 集團也收購了比利時的 ICI Paris XL 香水連鎖店（圖表 31）。

Kruidvat 的里程碑

在 1974 至 2002 年的 28 年期間，荷蘭的 Kruidvat 演變為

1974-1975年	• 西勃蘭特成為第一名員工，協助德里克開業經營 Kruidvat 折扣藥妝，陳列架上有拜耳（Bayer）品牌的阿斯匹靈止痛藥，與古典音樂光碟一起擺放
1983 年	• 成立後的 8 年間，Kruidvat 的營運模式已在荷蘭開展了 100 家以社區為中心的折扣藥妝
1992 年	• 第一家 Kruidvat 折扣藥妝在比利時開業
1996 年	• 與德國羅斯曼家族合資，以各佔 50% 的股權共同經營波蘭、匈牙利和捷克等中歐國家的零售藥妝業務 • 收購了比利時的 ICI Paris XL 香水連鎖店
1997 年	• 創辦人兼董事會主席柯·德里克在 5 月過世 • 7 月范海德加入 Groenwoudt 零售超市、藥妝集團任職總裁
1998 年	• 在荷蘭收購 Trekpleister 的 175 家藥妝折扣店並保留旗下 1,600 名員工
2000 年	• 在出售超市業務後，集團從 Groenwoudt 改名為 Kruidvat，聚焦健康與美容零售業務
2001 年	• 10 月，Kruidvat 投資 2.8 億英鎊收購 700 家 Superdrug 藥房、藥妝連鎖門市
2002 年	• 8 月，德里克家族收購了羅斯曼家族在德國經營連鎖藥妝折扣的 40% 股權 • Kruidvat 轉讓價值 13 億歐元的 1,900 家藥妝折扣門市，包括旗下全資的英國 Superdrug 給屈臣氏

⊙ 圖表 31　Kruidvat 集團的發展里程碑
資料來源：綜合和黃年度報告、WatsOn、媒體報導等。

歐洲大陸跨越荷比盧、英倫海峽、中歐的 1,900 家零售藥妝店。Kruidvat 的發展里程碑，在藥妝行業已成為一個家族傳奇，當德里克家族決定出讓其藥妝集團給屈臣氏時，便改變歷史軌跡成為後者全球化歷程的一部分（圖表 31）。

Superdrug 的企業歷史

1966 年 2 月，羅爾多和彼得・戈德斯坦（Ronald & Peter Goldstein）兄弟收購了一家名叫 Leading Supermarkets Ltd. 的空殼註冊公司，並於 5 月成功更名為 Superdrug Stores。第一家 Superdrug 藥妝在倫敦西南部的普特尼（Putney）區開業，為低收入族群提供洗護用品、非處方藥等民生消費用品的折扣藥妝。憑藉低價格和批量策略，到了 1981 年，迅速發展到 300 家藥妝門市。

隨著來自其他大型藥妝折扣店的價格競爭，戈德斯坦兄弟在 1987 年 3 月出售 Superdrug 給沃爾沃斯（Woolworths，1 年後改名為 Kingfisher）。其 1987 年 2 月 28 日結束的年度業績顯示，上一年的營業額為 2.03 億英鎊，稅前淨利為 1,226 萬英鎊，同比成長 23.8% 和 18.6%。這是由於在 297 家商店中增加了 43 家商店，並且每家商店的營業額都有所提高（圖表 32）。戈德斯坦兄弟在此次交易中取得了市值 7,000 萬英鎊的沃爾沃斯股票。[3, 4]

1990 年代末，英國的大型超市集團，例如 Asda、Safeway、Tesco 等，積極進入零售保健和美容市場，爭奪藥妝業自 19 世紀下半葉所建立的個人清潔、衛生民生消費用品市場，價格競爭日益激烈。這些大型超市在進貨價格上因為向原廠直接訂購品牌產品，因此有著足夠的邊際利潤讓利給消費者，消費者得以團購價即時在超市貨架上挑選喜愛的品牌，而省去事前下單、託運、結帳等繁瑣流程。Superdrug 在 2000 年的財務報告中，稅前淨利比 1999 年減少了 2,180 萬英鎊，利

1966 年 5 月 28 日	● 第一家 Superdrug 在倫敦 Putney 區開業
1968 年	● 在倫敦增加至 3 家 Superdrug 門市
1971 年	● 增加至 40 家，美國 Rite Aid Corp. 收購了 49% 股權
1981 年	● 增加至 300 家門市，配送中心設於倫敦市郊 Croydon 區
1987 年	● Woolworths 收購了 Superdrug
1988 年 1 月	● Superdrug 收購了 600 家 TipTop 與 Share 藥妝門市，1 年後 Woolworth 改名為 Kingfisher
2001 年 7 月	● 英國 Kingfischer 出讓 700 家 Superdrug 門市給荷蘭 Kruidvat 藥妝集團
2002 年 8 月 22 日	● 屈臣氏收購荷蘭 Kruidvat 藥妝集團

◉ 圖表 32　Superdrug 的發展史

潤下降主因是與超市的價格戰，導致毛利下降了 2.1% 或 1,820 萬英鎊，還有 320 萬英鎊的利息支付（圖表 33）。當時，英國享負盛名的藥妝，例如博姿、萊斯等也無一倖免。

　　看到大型超市來勢洶洶，對英國零售藥妝市場已經敲響了警鐘，Kingfisher 集團董事會考慮是否維持 Superdrug 的藥妝業務，還是待價而沽。最後，Kingfisher 集團決定出售 Superdrug，加強資產負債表、聚焦在市場中成長力道更強的另外兩個核心業務上。2001 年，Kingfisher 透過分拆沃爾沃斯，出售 700 家 Superdrug 藥妝和時代零售財務（Time Retail Finance）業務。2001 年 7 月 20 日，Kruidvat 集團耗資 2.8 億英鎊現金購買包括其擁有的 1,440 萬英鎊資產。[5] 在收購

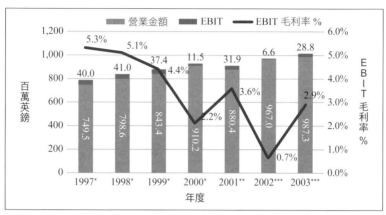

⊙ 圖表 33　1997–2003 年，Superdrug 營業金額與 EBIT
資料來源：英國公司註冊署。

Superdrug 時，Kruidvat 董事會打算將其發展成為英國領先的藥房兼藥妝連鎖店，就像在荷比盧三國的定位一樣。但是如果執行這個業務優化的計畫，需要新的貸款來支援，而英國超市才剛發動猛烈的價格戰，這個氛圍可能會持續數年，而使得投資的回報可能遙遙無期。德里克家族在 2001 年第四季，因為繼承人彼得不希望終生從事零售業，因此決定出售 Kruidvat 集團。

Kruidvat 在荷比盧的零售業務組合

　　ICI Paris XL 零售店是由佈雷尼希（Brenig）夫婦於

1968 年 5 月，在比利時首都布魯塞爾的富裕郊區艾克塞爾
（Ixelles）成立，當時是一家香水、美容護理與彩妝專門商
店。ICI Paris XL 的字面含義為「巴黎就在這裡」，商品組合
是精選在巴黎商業街備受消費者青睞的時尚香水、美容護膚
產品。當 1992 年在比利時布魯塞爾開設第一家 Kruidvat 藥房
時，ICI Paris XL 香水店的成功迅速引起了 Groenwoudt 集團
高層的注意。Groenwoudt 集團德里克董事長在 4 年後的 1996
年，收購了高檔時尚的 ICI Paris XL，目的是在荷比盧三國之
間複製其業務模式。到 2002 年，屈臣氏收購 Kruidvat 集團
時，ICI Paris XL 已經在比利時發展成 8 家商店，在荷蘭也發
展成 56 家。

　　1980 年 4 月 3 日，荷蘭德波斯超市（DeBoer Supermarket，
簡稱 DBS）集團的零售藥妝業務 Trekpleister 在荷蘭東北部的
埃森（Assen）成立了一家自助藥店。1997 年，DBS 與 1925 年
成立的 Unigro 連鎖雜貨店合併為 SuperdeBoer 零售超市集團。
1998 年，Groenwoudt 集團收購了已成長為擁有 175 家的藥妝
的 Trekpleister。雖然，ICI Paris XL 與 Trekpleister 幾十年間已
經在當地社區建立了品牌知名度；雖然，他們的投資與營運者
也更換了數次，但是這兩家藥妝與美妝的品牌依然保留著。

德國 Dirk Rossmann GmbH 的合資企業

　　德克‧羅斯曼於 1946 年第二次世界大戰後出生，12 歲時
父親去世，母親為支撐整個家庭獨力經營已故丈夫留下的小
藥店，過著朝不保夕的艱難生活。羅斯曼 16 歲初中畢業後，

轉去職業學校攻讀藥劑助理員的課程，畢業後協助家裡藥店的業務。經過 10 年的工作並省吃儉用下，1972 年羅斯曼 26 歲時，在德國開設了第一家名為 Dirk Rossmann GmbH（簡稱 DRG）自助藥妝門市。[6]

　　第一天開業，DRG 藥妝即取得了巨大的成功，消費者湧向 DRG 藥妝購買打折的個人護理產品。次年，德國政府放鬆了對洗護用品零售價格的控制，這個決定促使 DRG 藥妝折扣店的快速成長。1979 年，DRG 的營業額達到 5,000 萬德國馬克，但其控股權益比率降至 20% 以下。羅斯曼於是向位於德國下薩克森州的首府 Hannover Fianz Group 財務集團（簡稱 HFG）求助，後者在 1980 年最初持有 10% 的股份。

　　到了 1982 年，羅斯曼的連鎖藥妝已經發展到了 100 多家門市，其中大部分在當時的西德北部。1990 年 10 月東西德統一之際，HFG 為 DRG 在國內東部市場的擴張提供了融資，把持股量提升至 38%。1 年之內，DRG 在德國東部地區開設了 100 家商店。[7, 8] DRG 在 1993 年與荷蘭柯德里克家族的 Kruidvat 零售藥妝集團合資成立羅斯曼中歐控股公司，兩集團各擁有 50% 股權，並繼續發展其在波蘭、匈牙利和捷克等中歐國家的零售藥妝業務。

　　1996 年是羅斯曼人生中最低谷的一年，雖然他積極進軍中歐地區，但是公司採用過時的低薪政策，使零售店內的員工都提不起勁，最後業務不振導致現金流不足，DRG 的業務面臨破產。他在股票市場的投機交易使個人財務蒙受損失，健康狀況也因心臟病發作而遭受重創。可幸的是，DRG 在零售藥店業務中擁有 20 年的實績，以及其在市場內「腳踏實地」的

作風，在銀行家中享有良好聲譽，使得 DRG 的開戶銀行願意
向其提供貸款以渡過財務危機。[9]

　　HFG 在 1980 至 2001 年期間，從開始時的 10% 股權增
持 DRG 的 38% 股份，羅斯曼將他家族持有的 DRG 股份中的
2%，總計 40% 的股份於 2002 年初出售給了 Kruidvat。當屈臣
氏收購 Kruidvat 時，一直等到 2 年期的行使權末，才在 2004
年 8 月收購 Kruidvat 手中 DRG 的 40% 股權，這很可能是等
待德國及其鄰近中歐國家的 Y2K 復甦緩慢所致，同時屈臣氏
也在忙於解決英國 Savers 與 Superdrug 在收購合併後的磨合問
題。當時，DRG 已在德國及鄰近國家建立 1,100 多家零售藥
妝的網路，光在德國就有 786 家門市。韋以安對收購 DRG 的
40% 股份發表了評論：

> 　　屈臣氏決定購買 DRG 股份，是因為德國市場前景
> 非常好，德國是歐洲最大的健康與美容市場，且具有
> 巨大的發展潛力。集團的戰略目標是擴大在歐洲的業
> 務，因此選擇在德國投資為我們提供了絕佳的機會。

> 　　在過去的 2 年中，我們與 DRG 有著非常好的業務
> 關係。我們認為此次收購將加強屈臣氏的歐洲業務與
> DRG 之間的協同效應。[10]

3. 屈臣氏與 Kruidvat 在英國的邂逅

　　德里克於 1997 年 5 月 1 日突然去世，而他的獨生子彼得

（Pieter）才 21 歲，還沒準備繼承家族企業。[11] 德里克的遺孀
蒂尼·麗亞（Dini Maria，1936-2019）與 Groenwoudt 集團公
司迅速在 2 個月後任命 Nutrica 高階管理階層的迪克·范海德
（Dick van Hedel）為集團總裁。1998 年初，德里克家族收購荷
蘭 Trekpleister 藥妝連鎖店之後，Kruidvat 集團在荷蘭成為藥
妝連鎖店的領導者，佔當地市場的 38%。范海德認為藥妝業與
超市業務相比，在 21 世紀的發展性及利潤都更高。他的建議
獲德里克家族接受，隨後在 2000 年將 Groenwoudt 集團的超級
市場出售給 Laurus Group（荷蘭的 De Boer Unigro 和 Vendex
食品合併後的連鎖超市名稱）。

　　德里克家族在出售超市業務後，集團名稱從 Groenwoudt
集團更名為 Kruidvat，目的是大展拳腳、建立一個全新的跨國
藥妝品牌。2000 年 9 月，一個積極進取的香港企業和記黃埔
屬下的屈臣氏集團，已將觸手伸進了歐洲的後門，德里克家族
失去了收購英國 Savers Health and Beauty 的消息，令他們開
始關注屈臣氏的舉動。范海德在德里克家族的支援下，利用手
頭充盈的資金開始專注於歐洲大陸和英國的保健和美容業務，
並在 2001 年 7 月從英國 Kingfisher Plc. 收購了 Superdrug 藥
妝，以及其營運的 700 家連鎖門市。但是，到了 2001 年第四
季，26 歲的德里克家族繼承人彼得表示，他對發展慈善事業
的興趣比繼承家族的零售保健和美容行業更為熱衷。范海德從
家族那裡得到的指示是，探討藥妝行業內的經營者是否對收購
Kruidvat 集團感興趣。

共同經營理念

德里克家族期盼新主人的經營文化，得以傳承 Kruidvat 自 1974 年成立以來的零售藥妝管理理念。2001 年耶誕節前夕，范海德邀請他認識多年的屈臣氏集團總經理韋以安，在倫敦泰晤士河岸的一家不起眼的餐廳舉行了私人晚餐。范海德攜帶德里克家族家族的一個機密資訊：出售其在歐洲大陸和英國的 1,817 家門市股權，包括其中 1,493 家全資擁有的連鎖零售藥房與藥妝門市。韋以安熟悉這類藥妝業務的商業模式與獲利的成功因素，因為他曾經手屈臣氏在 2000 年對英國 Savers 連鎖零售藥妝折扣店的收購。

在餐桌上，韋以安表達了對德里克家族經營的健康與美容零售事業高度讚賞，因為范海德設計的 Kruidvat 商業模式已在歐洲健康與美容市場中享有高度的評價。Kruidvat 是韋以安渴望收購和讓屈臣氏成為全球零售健康和美容業領先業者的關鍵，而且可以使屈臣氏實現質與量的飛躍；另外，Kruidvat 與屈臣氏的經營哲學非常接近，收購後的磨合風險也相對較小。范海德在這頓晚餐結束時，得到韋以安的承諾，他會與和黃集團董事總經理霍建寧彙報，並爭取在新年後得到和黃董事會主席李嘉誠的反饋意見。第二天下午，韋以安從倫敦返回香港，並旋即向屈臣氏董事會主席霍建寧彙報，他陳述歐洲藥妝市場的大環境以及收購 Kruidvat 集團的利弊後，表示若以英國的 Savers 為基地，建立一個 1,900 家零售健康與美容連鎖門市網路，至少要花 10 年的時間，收購 Kruidvat 的整合風險則較不停收購來得低。

艱鉅的任務

聖誕過後，當和黃董事會主席李嘉誠聽完韋以安收購 Kruidvat 的建議後，當場祝福韋以安可以成功收購，但是，收購價要以低於 Kruidvat 的 10 倍市盈率為目標。這是一個難以實現的要求，只因類似業務交易的市盈率均高於李嘉誠的期望。這本來是一場談判的過程，所以韋以安不想表現出對 Kruidvat 收購有過高的期望。他在耶誕節和新年期間制定了一項談判戰略，以闡明屈臣氏若真成為 Kruidvat 的全資擁有者與管理者，會為員工和客戶帶來什麼價值和協同效應；更重要的是，為什麼屈臣氏會成為首選的收購者，而非其他投資者。經過 9 個月的漫長談判，屈臣氏終於在 2002 年 8 月 22 日宣佈，以接近 13 億歐元收購 Kruidvat 的 1,900 家門市（圖 20）[12]。這個投資決定，使屈臣氏和 Kruidvat 零售健康和美容商店的總收入在 2002 年超過 70 億歐元。

歐盟的不反對收購決定

Kruidvat 首席執行官范海德回顧了此次收購：

在當今的商業世界中，像和黃具有雄厚經驗和國際競爭力的股東收購一家公司是罕見的，此次收購將幫助我們達到新的高度。[13]

⊙ 圖 20　屈臣氏藥妝、香水、美妝集團旗下在荷比盧及英國品牌的零售門市
　　來源：作者私人圖片庫。

　　當屈臣氏收購 Kruidvat 集團時，德里克家族剛完成收購
德國 DRG 連鎖藥妝折扣店的 40% 股權。衡量各種因素後，
屈臣氏決定暫緩收購 DRG 的 40% 股權。屈臣氏向歐洲委員

會（European Commission，簡稱 EC）申請收購 Kruidvat 在荷比盧三國擁有的藥妝、英國 Superdrug 零售藥妝與 Kruidvat 和 DRG 在中歐三國的合資藥妝業務。但是一些屈臣氏的高階管理者還是表示擔心，EC 可能會要求屈臣氏賣掉 Savers 商店附近的部分 Superdrug 藥妝門市，以防止零售藥妝業被屈臣氏壟斷。屈臣氏在收購 Kruidvat 集團 1 週後的 8 月 29 日，通知了歐盟有關收購 Kruidvat 集團的交易。在進行了 1 個月的調查後，EC 最終於 2002 年 9 月 27 日宣佈了正式的批准聲明：

> 該調查還證實，無論是否考慮了來自超市的競爭，都沒有壟斷問題。僅就專賣店市場而言，競爭對手連鎖店博姿仍將是英國的市場領導者，合併後僅為第二名。這個市場的特點是有多個大型企業，例如美體小鋪（The Body Shop）和勞埃德藥房（Lloyds Pharmacy），以及許多較小的參與者。如果將超級市場包含於分析中，則當事方將是第四大競爭對手，市場份額不到 10%。博姿仍將是市場領導者，其次是 Tesco 和 Sainsbury。鑑於這些因素，委員會得出總結認為，這一行動不會導致建立或加強主導地位，因此決定通過此項交易。[14]

收購後的磨合

2002 年 10 月，包括 Superdrug Stores 在內的 Kruidvat 投資組合出售給屈臣氏，總價值略低於 13 億歐元。屈臣氏 2002

年的年度業績顯示，當年的確是非常艱難的一年，Superdrug
的毛利率進一步下降至 30.6%（853 萬英鎊），分銷成本率增加
了 1.3%（367 萬英鎊），行政成本率躍升了 0.85%（800 萬英
鎊）等，同比差額為 3,624 萬英鎊。隨著英國零售市場競爭加
劇，Superdrug 及其姊妹公司 Savers 一樣，毛利率下降而 EBIT
大幅下滑，加上分銷成本和管理費用的增加，導致 2002 年的
EBIT 不忍卒睹。

　　屈臣氏在收購 Superdrug 之前，已初步規劃了與 Savers 在
營運上的協同效應。2003 年 1 月，尹輝立成為英國屈臣氏健
康與美容集團的董事總經理，並旋即將 Superdrug 的形象改造
為新穎、時尚和具有特色風格的藥房、藥妝連鎖零售店。第一
個全新 Superdrug 旗艦店，在 2003 年 9 月於英倫中部伯明罕
（Birmingham）的最大鬥牛場商場（Bull Ring Centre）開業，
Superdrug 的消費者視它為時尚的健康和美容中心，與博姿藥
房鎖定家庭、自居為處方中心的感覺不同。

　　在過渡到收購 Superdrug 後的第一年，2003 年的財務業績
有大幅改善，EBIT 為 2,883 萬英鎊（表 5）。2000 至 2003 年
期間，英國的零售保健和美容市場發生了翻天覆地的變化，
領先的連鎖超市進一步擴大了其產品範圍，將個人護理品項
以外的美容護理品也囊括在內。1997 至 2003 年，Superdrug
的 EBIT 佔營業金額比率的平均為 3.45%。在大型超市強攻個
人保健與美容市場後，2003 年屈臣氏在英國的 Superdrug 的
EBIT 比率為 2.9%。

⊙ 表 5　2002 與 2003 年，Superdrug 年度損益表（單位：千歐元）

項目	2003 年	2002 年	年度同比	備註
營業額（a）	987,288	966,953	20,335	2.1% 同比成長
營業成本（b）	（648,170）	（662,289）	（14,119）	2.8% 同比減少
毛利（c）	339,118	304,664	34,454	11% 同比成長
分銷成本（d）	（293,347）	（282,423）	（10,824）	3.8% 同比成長
行政費用（e）	（28,735）	（38,894）	（10,159）	4.3% 同比減少
營業利潤（EBIT）	28,833	6,619	35,452	扭轉業務利潤 19.3% 同比增加
應付利息及類似費用	（10,533）	（13,061）	（2,528）	23% 同比成長
稅前利潤（經常性活動）（f）	18,300	（20,220）	38,500	扭轉業務利潤
股權分紅（虧損）	（6,778）	2,378	（9,156）	
年內未分配利潤（虧損）	11,512	（17,482）	29,354	85% 同比下降

資料來源：英國公司註冊署。

4. 合併後的業務與組織重組

　　在執行快速擴張戰略方面，眾多跨國企業包括屈臣氏的最大的挑戰，是尋找合適的領導人才有效地管理收購的企業，當地收購公司原來的企業文化、政府政策、法律、市場和商業實務都可能有所差異。

　　英國為和黃與屈臣氏首個位於歐洲的投資與企業收購的國家，因此屈臣氏的英籍管理階層在融合英國的 Savers 與 Superdrug 時遇到的阻力不大。這些優秀的企業管理人才能夠靈活執行人力資源戰略，以適應其歐洲子公司的地區文化，同時又滿足公司治理和合於法規的嚴格要求，為企業合併過程中

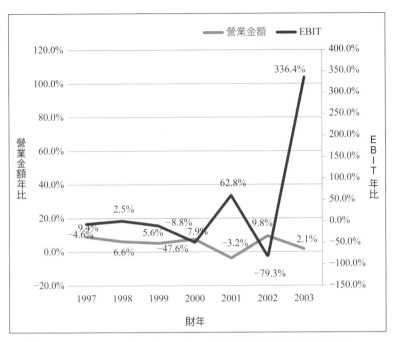

⊙ 圖表 34　1997-2003 年，Superdrug 年度同比營業額與稅前淨利率
　　資料來源：英國公司註冊署。

的的關鍵。屈臣氏在歐盟批准收購 Kruidvat 之後不久，韋以
安便開始改組期待已久的保健與美容部門（簡稱「健美部」）。
這是因應母公司核心業務拓展而成立了健美部執行管理會，
由韋以安擔任主席、范海德擔任副主席、迪克・西班德（Dick
Sieband）擔任歐洲大陸的董事兼首席執行官、尹輝立擔任英
國的董事兼首席執行官、伊萬・埃文斯（Iwan Evans）擔任
食品、電子和普通商品董事兼首席執行官（詳見第 12 章第 3
節）。

5. SARS 後的香港經濟

美國 2001 年 9 月 11 日的紐約恐怖攻擊餘震即將完全復甦之際，冠狀病毒（或稱 SARS）突然在 2002 年底在中國大陸華南地區的廣州被發現，繼而迅速在香港社區爆發，並持續了 6 個月。[15] 香港作為東亞地區交通樞紐和通往中國大陸門戶的戰略性地位，因此 SARS 對旅遊、公務等人士影響最大。當中國大陸政府於 2003 年 3 月 SARS 爆發期間對內、外地旅客實施強制隔離檢疫 7 天後，疫情於 4 月份在中國大陸迅速減緩，到了當年夏天的 6 月份，SARS 在亞洲其他地區基本上也銷聲匿跡。[16]

入境旅遊業在香港本地生產總值上，以及在零售貿易、住宿服務、餐飲服務、跨境客運服務與其他行業的工作機會中佔很大一部分。[17] 為了振興國內、香港和澳門的零售經濟，北京當局立即啟動放寬中國大陸人民的旅行政策。這個個人訪客旅遊計畫（簡稱「自由行」）政策，不僅是香港、澳門兩個特區的一個里程碑，它也使居住在中國大陸三線城市的人可以自由地在港澳地區旅行。訪港的中國大陸遊客從 2002 年的 683 萬，激增至 2006 年的 1,375 萬，四年內增加了一倍[18]（圖表 35）。

6. 聚焦藥妝零售業，Powwow 待價而沽

2002 年 8 月，屈臣氏收購了 Kruidvat 集團後，重新定位為一家專注於零售健康和美容業務的全球化藥妝，到了年

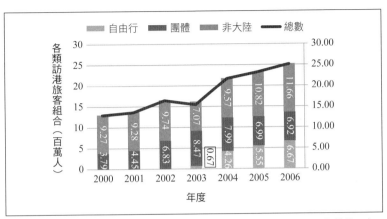

由於中國中央政府在 2003 年實施部分城市自由行政策，從 2002 至 2006 年期間，中國大陸遊客來港人數從 683 萬跳躍至 1,375 萬，增幅 79%。

⊙ 圖表 35　2000-2006 年，訪港旅客
　資料來源：香港旅遊局。

底，其歐洲的藥妝門市數目為 1,900 家，約為亞洲的 2 倍（圖 36）。韋以安在和黃董事會支持下做出了世紀的商業方向大改變，把屈臣氏的多元化業務從橫向整合到縱向整合，聚焦藥妝零售業，並待價而沽其他的非核心業務，Powwow 是首項出售的業務，並開始尋覓買家。

自 1999 年屈臣氏在英國開展了 Powwow 品牌飲用水後的 4 年內，Powwow 已成為歐洲的飲用水行業的領導者之一，其 2002 年的營業額達到 1.2 億歐元，在 7 個國家擁有 1,500 名員工。同時，雀巢公司一直在尋求擴大其在歐洲飲用水業務目標的投資，當雀巢的機會來臨時，一拍即合。2003 年 2 月 4 日，雀巢以 5.6 億歐元收購屈臣氏的 Powwow 飲用水品牌與其分銷網路。雖然，屈臣氏在歐洲出讓了 Powwow 品牌的飲

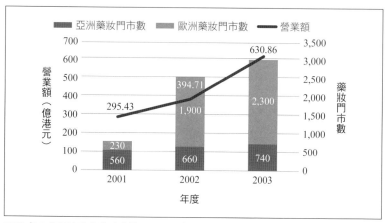

2002 年 8 月屈臣氏收購了荷蘭 Kruidvat 集團的 1,900 間零售門市，到該年年底，增加至 2,560 家藥妝門市，年比增幅 1,770 家或 224%。

◉ 圖表 36   2001 至 2003 年，屈臣氏保健與美容零售門市成長
　　資料來源：和黃年報。

用水，但在亞洲屈臣氏品牌的蒸餾水、蘇打水及其他食品的業務，仍然如火如荼的積極推廣。最大的原因可能是屈臣氏製造的飲料在百佳與屈臣氏藥妝的通路銷售，對零售與製造業來說，都是具附加價值的業務。韋以安表示另一個考量為：

　　雖然香港與中國大陸的蒸餾水業務佔整個集團的營業與利潤的一小部分，其中一個考慮點是公司社會責任的角色，積極參與推廣多項的公益的活動，包括香港的校際田徑、網球公開比賽與澳門的年度賽車活動等。[19]

7. 總結

　　韋以安在 2002 至 2003 年這關鍵 2 年內，平均每月在歐洲和英國及亞洲各國工作 3 週，其餘 1 週在香港總部。他支援英國 Savers 管理階層在 2000 年收購過渡後的業務振興，以及參與在阿姆斯特丹和倫敦收購 Kruidvat 前的盡職調查，還有與雀巢進行的 Powwow 飲用水業務的轉售談判。

　　屈臣氏收購 Kruidvat 集團的突破性決定，從此奠定了屈臣氏全球零售健康和美容業的領導地位。從亞洲的一家中型零售連鎖藥妝店，發展成為全球第三和門市數量第二的連鎖零售集團。但是，隨著屈臣氏的地域擴充戰略持續推進，歐洲大型連鎖超級市場的價格戰逐漸成為一個艱難的挑戰，但時至今日，這些零售業的巨無霸獲利率卻比屈臣氏來得低。這個資訊表示，當初韋以安與他的團隊設計的產品組合有其持續性的優勢，不是可以隨意複製的（詳見第 14 章第 7 節）。2003 年和黃零售、製造及其他服務部門營業額與 EBIT 在 1 年內分別翻了 0.6 倍與 1.2 倍，零售門市也增至 3,489 家（圖表 37-39）。

　　在亞洲大部份國家與地區（除了日本、香港與新加坡以外），中產的消費群體還是在起步階段，屈臣氏的商業模式比較完善，可以說是未逢敵手。然而，歐洲與英國市場是一個成熟的市場，超市進入保健與美容民生消費用品產業有著規模經濟的優勢。全球性與地區大型連鎖超市，例如 Walmart、Tesco 等，也向購物者提供一站式的超市、藥房、美妝服務，加上新的競爭對手，保健與美容商品的零售業對屈臣氏形成直接競爭，市場將會變成血流成河。屈臣氏將會如何走出困局呢？

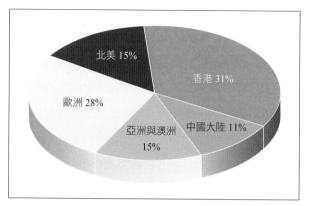

⊙ 圖表 37　2003 年，和黃零售、製造及其他服務部門營業
額 1,456 億港元（按地區分布）
資料來源：和黃年報。

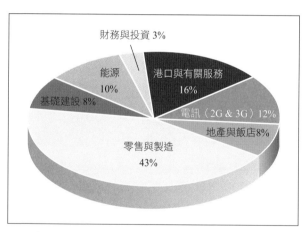

⊙ 圖表 38　2003 年，和黃零售、製造及其他服務部門營業
額 1,456 億港元（按業務分布）
資料來源：和黃年報。

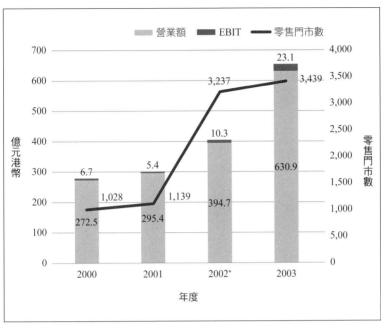

* 2002 年收購了荷蘭的 Kruidvat 集團及其在英國的子公司，取得了翻天覆地的變化。

⊙ 圖表 39　1997–2003 年，和黃零售、製造及其他服務部門營業額與 EBIT
　　資料來源：公司註冊署和黃年報。

第 8 章

充滿挑戰的香水、美妝合併
和新興市場

1. 簡介

2004 年，零售、製造及其他服務部門成為和黃最大的業務部門。其中，屈臣集團的業績佔最大的份額，營業額與 EBIT 分別為 744.45 億和 32.02 億港元，佔和黃總營業額和 EBIT 的 41.5% 與 16.5%，該部門的年度同比增幅為 16% 及 37.47%，零售門市增至 4,797 家或年度同比增幅 37%（圖表 40、41）。這個亮麗的成績主要是來自於強而有力的品牌與概念的有機成長，與入股德國 DRG 藥妝以及收購北歐波羅的海 Drogas。同年，屈臣氏在香港的直接競爭對手：萬寧（Mannings）進軍廣州，建立獨資藥妝零售業。

2005 年 4 月及 8 月，屈臣氏收購法國最大香水連鎖集團「蔓麗安奈」（Marionnaud），以及英國香水集團 The Perfume Shop。當年零售部門的營業額與 EBIT 增至 887.8 億和 32.61 億港元，分別佔和黃的 36.7% 及 10%，年度同比增幅為 30% 與 2%，零售門市增至 7,161 家。[1] 年度同比 EBIT 率的下降，

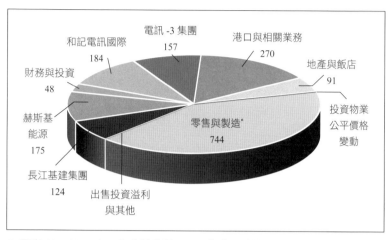

◉ 圖表 40　2004 年，和黃營業額 1,794 億港元（依業務分布）
　　資料來源：和黃年報。

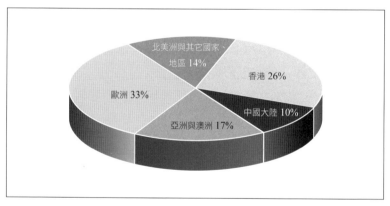

◉ 圖表 41　2004 年，和黃營業額 1,794 億港元（依地域分布）
　　資料來源：和黃年報。

主因是歐洲荷蘭與亞洲的香港與台灣市場的價格戰。2006
年，零售部門的營業額和 EBIT 分別為 991.49 億及 27.2 億港

元，年度同比增幅為 12% 及下跌 17%（圖表 42、43）。主要
原因是下半年荷蘭與英國改善配送中心與供應鏈以提升效率的
一次性費用，以及歐洲與亞洲市場的價格戰，致使毛利受壓。

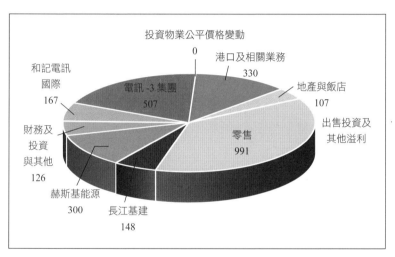

◉ 圖表 42　和黃 2006 年營業額 2,677 億港元（依業務分布）
　　資料來源：和黃年報。

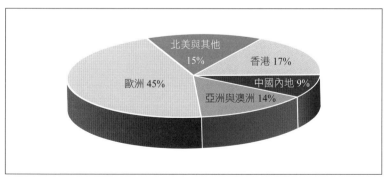

◉ 圖表 43　和黃 2006 年營業額 1,794 億港元與（依地域分布）
　　來源：和黃年報。

2. 法國香水、彩妝的領導者

1960 和 1970 年代，在巴黎、倫敦、法蘭克福和米蘭等首都和大城市中，高級香水品牌和特別調配香薰的主要營業管道為嬌蘭（Guerlain）、弗拉戈納德（Fragonard）、塞爾吉‧盧滕斯（Serge Lutens）等專門店。從 1980 年代開始，蔓麗安奈、絲芙蘭（Sephora）等連鎖店已在歐洲大陸嶄露頭角，為富裕或喜愛高級香水和化妝品的消費者提供美容和香精零售服務。2006 年，歐洲、美國、中國和日本的化妝品和盥洗用品市場總額為 1,362 億歐元，依零售價計算包括西歐[2] 627 億歐元，佔 46%，其中 170 億歐元或 27% 歸納在香料、香水和彩妝組合內。在同一年中，新加入的 12 個歐盟國家[3]，則分別貢獻了 59 億歐元或 4.3%。[4] 有見這一高利潤與高成長市場，韋以安在和黃董事會支持下，於 2005 年 4 月收購了法國最大的連鎖香水和高檔彩妝零售店：蔓麗安奈。

屈臣氏並於同年 8 月收購了英國 The Perfume Shop 香水和高檔彩妝零售店，成為歐洲香水和高檔彩妝的領導者（當年，LMVH 屬下的絲芙蘭香水和高檔彩妝零售店的規模、門市數與營業額均在蔓麗安奈之後，但在過去連續 14 年的投資下，的絲芙蘭現已成為全球第一的香水和高檔彩妝零售店）。

伯納德‧馬里恩紐（Bernard Marionnaud，1934-2015）在童年時代時，就幫父母在巴黎市西南郊的市場擺攤販賣家庭藥與洗護用品，從而瞭解消費者的心態與購物習慣。1958 年，年僅 24 歲的馬里恩紐，在父母居住的公寓樓下開設了第一家自有品牌的香水店（Marionnaud Perfumeries SA）。[5]

1996 年，馬里恩紐把自己的事業發展成為擁有 96 家門市的零售企業，同時把並沒有獲利的香水與彩妝業務賣給了 Marcel Frydman，[6] 後者當時已經擁有 48 家連鎖香水、彩妝零售店且利潤頗豐。兩家零售企業合併後採用知名度較高的 Marionnaud 品牌，在行政、採購、物流等營運環節統一管理，第一年便增加 1,000 萬法郎的利潤。蔓麗安奈於 1988 年在巴黎證券交易所的二級市場上市，並於 1991 年進入一級市場，從而為日後的收購和合併籌集了資金。

　　到了 2004 年底，蔓麗安奈已壙展至海外其他 13 個市場，零售門市也增加至 1,300 家，其中大部分在歐洲。根據蔓麗安奈公佈的資料，2003 年營業額為 11 億歐元、2004 年上半年營業額 5.35 億歐元，屈臣氏參與公開競購蔓麗安奈，並在 2005 年以 5.34 億歐元的價格成為唯一控股公司，這項收購在 2005 年 4 月 7 日獲得了歐洲委員會的批准。此外，屈臣氏董事會還批准額外注資 8 億歐元以資助其正在營運的業務。[7, 8] 然而，在蔓麗安奈於 2005 年 2 月底宣佈，該集團已將其 2003 年的淨利潤從 3,900 萬歐元大幅下調至最初發佈的 1,280 萬歐元之後不久，法國金融市場管理局（AMF）便啟動了內部財務審查機制。蔓麗安奈最終於 2005 年 4 月宣佈，其 2004 財政年度淨虧損 9,800 萬歐元。[9]

　　屈臣氏在收購蔓麗安奈的交易結束 3 個月後，英國稅務局也在 2005 年 7 月 14 日批准屈臣氏以 2.2 億英鎊的價格，收購倫敦證券交易所上市公司 Merchant Retail Group Plc（簡稱 MRG）的全部已發行股本。[10] 英國的 The Perfume Shop（簡稱 TPS）為 MRG 的全資子公司，成立於 1992 年。同年 7 月，

TPS 收購了 Eau Zone Ltd. 的 6 家商店的業務和資產。[11] 在接下來的 14 年中，MRG 剝離了其他業務並專注於 TPS 的成長和發展，成為一家擁有 110 間高檔零售香水店的企業。截至 2005 年 3 月 31 日的財政年度，TPS 的全年營業額和稅前利潤分別為 1.06 億和 1,610 萬英鎊，零售香水業務的利潤／營業額比率為相當高的 15.3%（詳見第 9 章第 3 節）。[12]

3. 新興的歐洲市場

自 1991 年前蘇聯解體後，眾多的共和國成員們選擇了貿易自由化，有鑑於此，屈臣氏開始積極部署在東歐與波羅的海國家的投資。1980 年代後期和 1990 年代初期，屈臣氏在東南亞的發展中累積了豐富的新興市場經驗，因此在歐洲新興市場同樣有用。於此同時，荷蘭的 Kruidvat 及其德國夥伴 DRG 在 1992 年初組成 50：50 合資公司，進軍剛剛開放的東歐藥妝行業。

Drogas 零售家庭用品與藥妝店於 1993 年在拉脫維亞（Latvia）開設了第一家門市，接著 2001 年也在立陶宛（Lithunia）開設藥妝。2003 年 Drogas 的營業額為 1,580 萬歐元、利潤 200 萬歐元，利潤／營業額比率為 12.7%，依行業標準衡量其表現出色。截至 2004 年 5 月，Drogas 在拉脫維亞（59 家）和立陶宛（24 家）兩國分別經營著共 83 家零售藥店，市佔率 30%。同月，拉脫維亞和立陶宛加入歐盟。屈臣氏收購 Drogas 時的估值超過 2,000 萬歐元，當時英國的聯合博姿（Alliance Boots）和德國 DM 集團也參與競標，但均敗給了屈臣氏。

　　大衛‧凱西（David Cassey）於 1988 年加入屈臣氏，隨後被任命為新加坡、馬來西亞、台灣和菲律賓的零售保健與美容業務總經理。2004 年 6 月，他被調任為屈臣氏東歐公司的執行董事，管理剛被收購的 Drogas 業務與其擴展計畫。屈臣氏是波羅的海國家加入歐盟的首批主要外國投資者之一，Rota 的主要股東拉斐爾‧戴福士（Rafails Deifts），也是原 Drogas 的經營者，他如此表示：

> Drogas 是 Rota 歷史上最成功的長期開發專案，將此業務出售給屈臣氏是一個睿智的決定。[13]

　　從 Rota 到屈臣氏的過渡過程非常順利，因為新任屈臣氏 Drogas 首席執行官的傑涅夫（Andrej Jernev）之前是 Rota 的總經理，於此進行了無縫的交接。[14] 傑涅夫在拉脫維亞可口可樂擔任該國市場的總經理時，採用了許多最佳實踐管理技能，他得到第一線商店經理們的支持，使其策略得以在 Rota 實施。2005 年 10 月，屈臣氏在愛沙尼亞首都塔林（Tallin）開設了以「屈臣氏個人商店」（Watson Personal Care Store）品牌代替 Drogas 為商標的 2 家藥妝門市。這是由於愛沙尼亞的消費者認為，Drogas 品牌為東歐品牌，而屈臣氏則是一個國際品牌。

4. 散發魅力的近東國家

　　作為其歐洲化計畫的一部分，俄羅斯、土耳其和烏克蘭這三個國家對屈臣氏來說，都具有戰略性意義。在完成了西歐主

要市場的收購之後，屈臣氏在 2005 和 2006 年獲得了收購土耳其 Cosmo 集團的 7 家藥妝、俄羅斯聖彼德堡範圍（Spektr）集團的 24 家藥妝，以及在烏克蘭 DS 集團的 99 家藥妝的機會。有見這些市場剛在起步階段，還沒成為全國性的品牌，因此將這些本地的藥妝品牌統一為屈臣氏是最為合適的安排（自家品牌的現有產品可以即時帶來更高邊際利潤，長遠而言，屈臣氏成為一個全球品牌的商譽也會有更高的品牌價值）。

充滿東方情調的安納托力亞（又名小亞細亞）

土耳其位於亞洲西南部，是黑海和地中海之間的半島，也是歐亞兩大洲的交界之處。北部隔著黑海有烏克蘭、東北部有俄羅斯，它是屈臣氏在東歐和近東地區的眾多市場中，位居榜首的成長引擎。從 2001 至 2010 年的 10 年間，其人口從 6,510 萬增加到 7,270 萬。[15] 屈臣氏是第一家進入土耳其保健與美容市場的跨國藥妝企業；此後不久，本地和其他跨國企業都相繼參與了這一領域的競爭。[16] 帶領屈臣氏土耳其業務的是阿赫邁．亞尼科格魯（Ahmet Yanikoglu，簡稱「格魯」），他在 1993 年與其他三個合夥人共同創立了 Cosmo 個人護理零售商店，並在 1994 年 12 月出任為總經理。[17]

該公司在土耳其最大城市伊斯坦堡（Instanbu）發展成擁有 7 家 Cosmo 品牌的連鎖藥妝店。2005 年 3 月 12 年，Cosmo 被出售給屈臣氏後，旋即在當年第二季更名為屈臣氏個人護理店（Watsons Personal Store，簡稱 WPS），在 2006 年開始以每年 40% 到 50% 的速度成長。格魯在接下來的 13 年中一直在屈

臣氏任職，負責監督其在 86 個城市內的 330 家零售藥妝藥門市的快速擴張，直到 2017 年 12 月退休。過去 3 年，因為經濟發展比較緩慢，目前屈臣氏擁有 350 間藥妝門市。

北極熊的「範圍」

2000 年初，人口超過 1.44 億的俄羅斯是主要的新興市場之一。經過蘇聯在 1990 年代解體後的 10 年陣痛，俄羅斯的經濟在 2000 年開始回到正軌。憑藉低廉的租金和政府補貼的公用事業，俄羅斯人的可支配收入略高於其他東歐國家。在 2000 年代的下半期，俄國的零售業都有著兩位數的成長，2005 年的零售額估計同比成長 15%。跨國保健與美容業零售者有見俄國的主要城市缺乏便利的門市地理位置、寥寥可數的購物商場、人口萎縮等負面影響，而使其業務裹足不前。當時，看到了俄羅斯市場的潛在機會，而在俄國投資的藥妝只有屈臣氏（2005 年）、聯合博姿（2006 年）等幾家企業。[18]

「範圍」是一家於 1990 年在聖彼德堡市（St. Petersburg）成立的藥妝企業。2005 年 10 月，屈臣氏收購了範圍 65% 股權和接管旗下的 24 間連鎖藥妝店。原來的創辦人兼股東仍然保持著 35% 股權，直至 2018 年才轉讓了剩餘股份給屈臣氏，後者將其在聖彼德堡市的 64 家門市的名稱從範圍改為屈臣氏，從此屈臣氏統一官方的品牌與產品系列。從 2005 至 2018 年，屈臣氏只在俄羅斯的聖彼德堡發展，增加了 40 間零售門市，平均每年 3 間。其競爭對手，沃爾格林聯合博姿（Walgreen Boots Allaince，2014 年美國沃爾格林與歐洲聯合博姿合併後

新名，簡稱 WBA）也只在莫斯科發展，共有 65 家藥妝，比屈臣氏多 1 家。屈臣氏與聯合博姿都是積極進取的保健與美容零售業大哥，但在俄羅斯的發展卻不甚理想。

下一站：烏克蘭

烏克蘭（Ukraine）曾是蘇聯的聯邦國之一，位於東歐和西亞中間的一個開發中國家。在 1990 年代中期，烏克蘭擁有約 4,680 萬人口，是前蘇聯第二大國。2005 年，屈臣氏在俄羅斯收購了範圍藥妝集團後，順理成章填補在烏克蘭的保健與美容零售業的空缺。DC 健康和美容連鎖店是 1992 年成立的 Asnova 集團的一部分，該集團還擁有超市和物流公司。截至 2004 年底，DC 是烏克蘭最大的零售藥妝集團，擁有 99 家門市。其創辦人安納托利亞・斯特羅根（Anatoliy Strogan）在 2006 年 7 月決定出售 DC 的 65% 股份，將其收益發展於其他事業。DC 對屈臣氏來說是一個極具吸引力的收購目標。[19] DC 成立之初，就被定位為便利商店類型的保健和美容店，由於產品種類很少，因此很難達到規模數量。收購後不久，屈臣氏制定了一項新戰略，將 DC 從街角「小家庭式」零售洗護雜貨商店轉變為一家時尚、面積更大的自選型香水裝飾性化妝品專門店。[20]

5. 縱橫亞洲

在 2000 年代，除了中國大陸以外的亞洲國家，許多大型

企業集團都是家族企業，它們是地產商並擁有的商業區內購物中心、連鎖超市、百貨公司，是推動當地經濟和主要勞動人口的雇主。在服務業中，具有專業經驗的跨國公司通常與知名的當地家族合作，成為合資合作夥伴。許多國家的法律與規定要求，跨國公司不得獨資經營零售業務，且需要數月甚至數年的時間，才能獲得各種商業、環境、衛生、勞工許可證以及稅務證明，因此與當地企業合作的優勢，就是得以在當地法律、規定的迷宮中恣意地穿梭。

在 2004 至 2006 年期間，韋以安與他的屈臣氏管理團隊，與印尼、菲律賓、泰國和韓國的當地或華裔家族建立了合資企業，合作發展零售保健與美容業務，從而進一步擴大了其在亞洲的市佔率。

返回呂宋、大展拳腳

1883 至 1912 年期間，屈臣氏在菲律賓馬尼拉唐人街經營零售藥房與汽水廠業務。在離開菲律賓北部呂宋島 90 年後，屈臣氏與華裔施至成家族的 ShoeMart 集團（簡稱 SM）在 2005 年 4 月成立了一家合資公司，股權為 60：40。SM 投入旗下兩個品牌「保健與美容」（Health & Beauty）及「家庭藥店」（Family Drug Store）共 61 家藥妝門市。這是菲律賓政府於 2000 年 3 月頒佈新的外國投資政策吸引海外投資者以來，第一筆重大的外商對該國零售連鎖店的投資。

SM 集團是菲律賓的大企業之一，除了藥妝門市外，它還擁有大型購物中心、超市與其他連鎖零售店。施氏家族讚賞

屈臣氏在零售藥妝行業中的品牌和專業知識，認為與屈臣氏合
資，可以達到成為當地零售藥妝領先品牌的目標，而無需花費
時間進行管理。

　　丹尼斯・凱西被任命為菲律賓屈臣氏藥房的第一任董事總
經理，領導合資企業的發展。在此之前，他曾擔任台灣屈臣氏
個人護理用品商店 7 年的區域經理。他在菲律賓的第一份工作
是將現有商店重新命名為屈臣氏藥房，並以時尚、更大、更明
亮和更有品味的裝潢吸引消費者。2006 年 5 月，一家 800 平
方公尺的旗艦店在馬尼拉大都會區的亞洲購物中心開業，另設
有美髮店、美甲、水療中心、臉部護理和美容室的一站式美容
院。

　　它是亞洲第一家為顧客提供全面個人護理的健康和美容商
店，對於年輕的專業人士來說，這也是購物的天堂。透過充
分利用彼此的優勢，屈臣氏與施氏家族的合資企業取得了巨大
成功。屈臣氏可以獨立運作，而施氏家族則隨時隨地為合資
企業提供支援。施氏家族還聘請了前屈臣氏的高管奈吉・希利
（Nigel Healy）作為顧問，來監督該家族的整個零售業務組合。

在馬來西亞的延遲起飛

　　屈臣氏在 1994 年進軍馬來西亞，並在新加坡海峽對面的
馬來亞半島南端柔佛巴魯（Johore Baru），開設了第一家保健
和美容店。短短的 10 年內，它以 WPC 品牌在馬來西亞東部和
西部發展了 70 多家零售保健和美容商店。[21]

　　2003 年上半年，亞洲的零售藥房業務受到 SARS 的嚴重

打擊，尤其是在香港、馬來西亞與新加坡更是如此，儘管消毒劑和外科口罩的銷量猛增，但仍然彌補不了消費者減少購買高級香水、彩妝與護膚品等的營業金額。當年下半年，馬來西亞零售藥房、藥妝業務一落千丈，零售市場惡化。這是由於澳洲 Pan Pharmaceuticals 召回了已在市場裡的 30 萬包保健品所致。在本地股票市場上市的「頂尖保健有限公司」（Apex Healthcare Berhad，簡稱 AHB）藥房和藥廠與分銷公司的整體利潤，在 2003 年受到嚴重打擊、股價也下跌了。

　　AHB 的董事會承受著來自股東的巨大壓力，要求改善其財務業績，這促使 AHB 董事會求售公司旗下的藥房和藥品櫃檯的零售部門，但仍保留其仍營利的學名藥和分銷業務。屈臣氏原定計畫於 2004 年 7 月，以 1,400 萬馬幣（約 2,870 萬港元）的價格收購 AHB 的 24 家藥房和 35 家零售櫃檯，這將是馬來西亞零售保健和美容行業的一次重大合併。馬來西亞外國投資委員會（簡稱 FIC）最初拒絕在 2004 年 12 月 11 日限期之前批准該交易，在 AHB 的董事會努力遊說馬拉西亞政府負責官員後，AHB 最終於 2005 年 5 月 31 日，以 1,245 萬馬幣（約 2,490 萬港元）把 20 家 Apex 藥房轉讓給屈臣氏，以及無償使用 Apex 商標 5 年。

四小龍的老大哥：韓國

　　香港、新加坡、韓國和台灣（號稱「四小龍」）的經濟在 1970 至 1990 年代間，經歷了迅速的變化。到了 2000 年代初，四小龍已經發展成為高收入經濟體[22, 23, 24]，韓國也成為四

小龍中最大的經濟體。為進入韓國這個地方保護性很強的市場，屈臣氏於 2004 年 11 月與當時韓國 LG 集團旗下 GS Group（GSG）的子公司 LGM 成立了 50：50 的合資企業。LGM 在 2002 年 7 月成立，擁有 LG25 便利店（2,000 家）、LG 超市（73 家），以及其零售業務組合中的其他大型超市和百貨公司。[25, 26, 27] LGM 在 2003 年的營業額為 2.9 兆韓元（約 24 億美元）。

屈臣氏與 LGM 的共同戰略願景，是將 WPC 商店的概念發展成韓國領先的零售保健和美容連鎖店。雙方在簽署合資協定 4 個月後，第一家 GS-Watsons 商店於 2005 年 3 月開業，隨後於 2005 年 6 月在首爾市中心的明洞區開設了一家旗艦店[28]（詳見第 9 章第 3 節）。

印尼

印尼是東南亞人口最多的國家，2005 年人口為 2.27 億，是一個煤炭、橡膠、石油資源豐富的國家。像韓國和泰國一樣，印尼當時對商業投資也有非常嚴格的外資持股法規；因此，在這個有前途但充滿挑戰的市場中，尋求可靠的本地合作夥伴是屈臣氏進入市場和業務持續成長的先決條件。屈臣氏是透過與 Duta Intidaya Tbk（DAYA）公司達成主要特許經營協定進入印尼，DAYA 成立的唯一目的是作為屈臣氏個人護理店 Watsons Personal Care Store（簡稱 WPCS）業務的國家特許經營者。首家 WPCS 商店於 2006 年 1 月在印尼南雅加達的 Pondok Indah 購物中心開幕。[29] 它的三個股東分別持有股份為：[30]

- PT Sehat Cemerlang（SC）75.8%
- Total Alliance Holdings Ltd. 14.09%（TAH）
- PT Bintang Indah Abadi（BIA）10.01%

SC 及 BIA 均由瓦盧霍（Patrick Sugito Walujo）控制，[31]
TAH 的股東代表則是和黃與屈臣氏的執行董事。

6. 分散風險與市場的挑戰

屈臣氏在香港的零售業務面臨的主要挑戰，是高租金及薪資固定支出，因此，淨利潤率之低，可與歐洲、英國、新加坡等區域和國家業務相比。據保守估計，屈臣氏的中國大陸零售業淨利潤率，比所有國家或地區高出 10% 到 15% 以上。[32] 而在印尼、菲律賓、台灣和泰國，租金和人工成本比香港或新加坡低得多而且可控[33, 34]（圖表 44）。隨著 1997 年 6 月 30 日英國殖民統治的結束，和 1997 年 7 月 1 日香港特別行政區開始實行自治，香港的房地產市場在 1997 年達到頂峰。

由於泰國發生了亞洲金融危機，零售租賃市場從 1997 年 7 月開始急劇下降，並迅速蔓延到整個亞洲。在香港，房屋價格下跌一直持續到 2003 年的上半年，由於 SARS 流行而達到了谷底。與 1997 年 6 月相比，價格下降了 52%。在 2000 至 2002 年期間，屈臣氏收購了 Savers 及 Kruidvat 的保健與美容零售門市與之後的整合。自 2000 年初以來，英國的零售保健和美容市場在價格競爭方面日益受到新進入者（領先的大型連鎖超市）將其產品範圍擴展到個人護理類別中給予消費者批量折扣的影響，這對 Savers 及 Superdrug 的利潤造成無比的壓

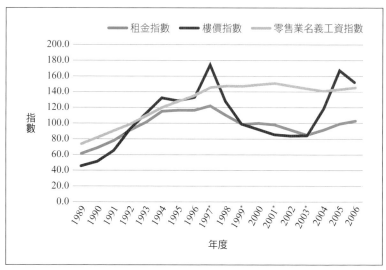

* 由於亞洲經濟危機和 SARS，樓價從 1997 年下半年到 2003 年上半年大幅下降。

⊙ 圖表 44　1978-2006 年，香港年度私人零售租金、房屋價格與零售業名義工資指數（1999 = 100）
資料來源：香港統計處。

力，也持續下滑。接著在 2003 至 2006 年期間，屈臣氏繼續在歐、亞一個接著一個的進行收購、合資、整合等極具挑戰的戰略性項目，這段時期，屈臣氏的營業與 EBIT 百分比一直徘徊在 2.7% 至 3.7% 之間（圖表 45）。

Savers 業務整頓

從 2000 至 2006 年的 7 年內，屈臣氏完成和黃風險分散全球化策略性部署的第一階段歷程。從 2000 年初的 2,000 家零售門市，每年飛躍性地成長至 2006 年的 7,700 家，其中超

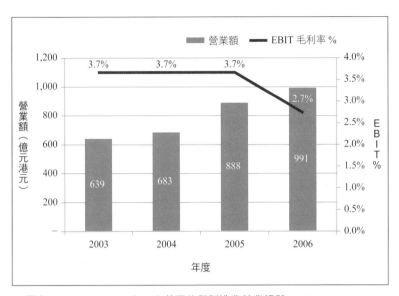

◉ 圖表 45　2003-2006 年，和黃零售與製造業營業額與 EBIT
　資料來源：香港稅務局公司註冊處。

過 75% 或 5,800 家全資或合資保健與美容零售店位於歐洲（其中包括 4,200 家健康和美容用品，以及 1,600 家豪華香水和化妝品）。這個經歷對每一位屈臣氏的管理者、尤其是韋以安來說，有一份榮譽感。

　　2005 年，Savers 的年度同比收入成長了 11%，但是由於來自連鎖超市的價格競爭，毛利率從 12% 下降到 10%。屈臣氏的行政費用（包括門市的租賃和工資成本）總計增加了 970 萬英鎊[35]（圖表 46）。該年度的 EBIT 為 2,900 萬英鎊，其中包括 Savers 從位於巴哈馬的 A.S.Watson（Enterprises）Ltd. 獲得轉讓知識權的一次性收入 2,000 萬英鎊。[36] 步入 2006 年，

Savers 面對更惡劣的市場環境，收入下降 5%、毛利率從 10% 滑落到 5%、EBIT 虧損 1,650 萬英鎊。屈臣氏管理階層最終在 2005 年中開展了新的策略，來解決歷年來累積的問題：[37, 38]

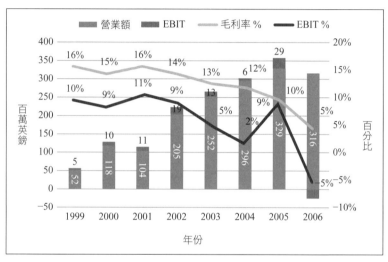

⊙ 圖表 46　1999–2006 年，Savers 營業額與 EBIT
資料來源：英國公司註冊署。

- Savers 與 Superdrug 的行政、物流、採購等職能集中管理，作為節流方案。
- 重組房地產投資組合，把效益不振的 Savers 商店改建為屈臣氏其他美妝與藥妝零售品牌：The Perfume Shop、Superdrug。
- 專注在主要品牌的產品，並給予消費者超優惠的價格。

Superdrug 重回正軌

在 2002 年第四季收購 Superdrug 之後不久，屈臣氏就制定了新的戰略，將 Superdrug 品牌重新定位為位於一線和二線城市、針對年輕女性的一站式時尚保健和美容商店，以區隔主要以年輕母親為目標客戶的博姿藥房。1 年後，Superdrug 的 2004 年財務業績顯示，鑑於持續的價格折讓和人工成本上升，EBIT 下降了 22%，即時敲響了警鐘，現有的商業模式需要立即進行徹底改革（圖 47）。

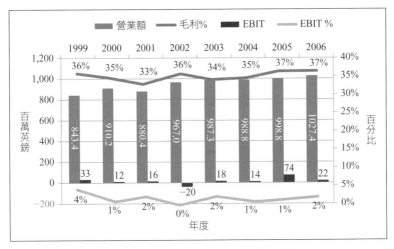

⊙ 圖表 47　1999-2006 年，Superdrug 營業金額與息稅前利潤
　資料來源：英國公司註冊署。

Superdrug 的 EBIT 在營業額中所佔的百分比，在 2003 至 2006 年徘徊在 0% 到 2.2% 之間。猶如 Savers 轉讓智慧財產權例子，2005 年 Superdrug 從母公司屈臣氏集團獲得轉讓知識權

的一次性收入 6,000 萬英鎊。在大多數收購和合併中，除了為收購有關業務進行的前期投資外，企業重組成本將在收購後的第一年內編列預算。就 Superdrug 而言，企業重組發生於收購後的第三年（Savers 的第二輪企業重組則在收購後第五年）。其中一個可能是和黃在歐洲的通訊業務在 2003 與 2004 兩年嚴重虧損，因此延遲了對屈臣氏旗下的 Savers 與 Superdrug 的業務重組。

部分收購海外企業資金的來源

雖然亞洲與全球經濟在 1990 年代後期與 2000 年代前期充滿挑戰，和黃在逆市中仍然有令人驚豔的表現，因為它在多年前於國內及歐洲的投資陸續有超高的回報。這些非經常性的利潤除了彌補逆市時固有業務的短缺外，同等重要的是，為和黃提供資金使其得以繼續發展、收購、重組業務，讓這些「明日之星」項目可以健康與持續性發展。屈臣氏是其中一個受惠的部門，以下是兩個典型非經常性利潤提供的來源：

從 1980 年代初開始，和記中國有限公司（HWC）的年度收益被合併到零售、製造和其他服務部。當時，HWC 由一位業務主管杜志強董事總經理負責，他與韋以安都向時任和黃董事總經理馬世民彙報。1988 年，全球最大的日用消費品公司寶僑與 HWC 分別出資 69%、31%，在中國廣州合資成立生產與營業企業為期 20 年。[39] 寶僑與 HWC 的合資品牌包括中國大陸的飄柔（Rejoice）、海飛絲（Head & Shoulder）、幫寶適（Pampers）尿布，玉蘭油（Olay）等，這些產品受到家庭消費

者的青睞。1997 與 1998 年，HWC 出售了價值 6.5 億美元的
11% 股權給寶僑，取得淨 47.62 億港元的出售收益（2 年內分
別實現了 14.3 億港元和 33.32 億港元的特別利潤）。[40] 另一個破
天荒的例子，是 1999 年 10 月和黃出售所持英國 Orange 通訊
公司的 44.8% 股份與德國 Mannesmann 工業、通訊集團。對和
黃而言，這些空前的受益及超高的回報可以：

- 及時解決亞洲金融風暴帶來的嚴重打擊。
- 支付市場疲弱時股民仍然期待的股息。
- 彌補和黃在其他投資的虧損。

　　更重要的是，現金儲備可以隨時按需求投資，包括戰略
性的行業，例如屈臣氏 2000 年時在英國收購 Savers，以及業
務重組上的內部貸款（2004 年 Superdrug 向屈臣氏與 Kruidvat
UK Limited 貸款 2.37 億英鎊，分別支付 6.21% 和 4.4% 的利
息）。

7. 總結

　　在和黃董事會與主席李嘉誠的支援下，屈臣氏在 2002
年收購 Kruidvat 與其在東歐的零售藥妝業務、2004 年德國
的 DRG 藥妝集團、2005 年法國的蔓麗安奈，以及在波羅的
海、俄羅斯、土耳其等國家的藥妝業務。屈臣氏自 1996 年在
泰國與中央集團鄭有英家族成立了合資藥妝後，分別在 2004
及 2005 年也於菲律賓、南韓、及印尼成立合資零售業，這
是因為這些國家還沒開放零售業與國外投資者（表 6）。2020
年 11 月 15 日，亞太 15 國簽署的區域全面經濟夥伴關係協定

（Regional Comprehensive Economic Partnership，RCEP），對亞洲太平洋地區內的國家可望帶來重大的正面影響，假以時日，屈臣氏在東南亞國家隨著零售業的開放，便可以享受國民待遇。[41]

⊙ 表6 屈臣氏在亞洲和歐洲的合資夥伴

地域	成立或合資業務年份	國家／地區	合資家族／公司名稱	屈臣氏持股比例
亞洲	1996	泰國	Chirathivat／中央集團	70%
	2004	菲律賓	Sy／SM Group	60%
	2004	南韓	Huh／GS Holdings	50%
	2005	印尼	Duta Intidaya Tbk	主要加盟商
歐洲	2004	德國	Rossmann／DRG 集團	40%
	2006	烏克蘭	Strogan／DC	65%

資料來源：綜合報導。

韋以安成功地把屈臣氏從一個缺乏專注的多元化、零售、餐飲的「橫向」服務性企業，轉向以藥妝業為核心的「縱向」整合企業，從此奠定了屈臣氏在這個行業中的地位。

從2003至2006年，零售與製造業部門的營業額從630億港元成長了57%，達到991億港元。屈臣氏已成為和黃最大的營業部門，佔有37%份額。[42] 隨後，屈臣氏在歐洲的零售業務進行了財務與機構重組，進一步鞏固了其在藥妝業務中全球第三的地位[43,44]（詳見第9章）。但是，2006年屈臣氏的EBIT卻比2005年低17%，[45] 主因是：

- 自 2005 年初收購法國蔓麗安奈的收入和利潤，在 2006 年需要調整，以及 Kruidvat 的保健和美容業務重組費用。
- 歐洲與亞洲市場的價格戰，導致毛利受壓。

屈臣氏在香港與東南亞的頭號競爭對手：香港牛奶國際的萬寧藥妝（或在東南亞稱「佳寧」），正在如火如荼地擴張。隨著韋以安在 2006 年年底的退休，終結了屈臣氏全球化歷程的上半場，屈臣氏的下一任掌舵人在未來的跨國航程中，該如何繼續破浪前進？

第 9 章

動盪中的有機成長

1. 簡介

　　2007 年 1 月 1 日，黎啟明接任韋以安，並被委任為屈臣氏集團署理董事總經理，掀起了屈臣氏歷史的新篇章。在過去這 14 年裡，全球零售市場的變化就好像一部經常更換場景的影片，行業內重大歷史事件幾乎年年都發生。美國次貸危機始於 2007 年 12 月，隨後迅速蔓延到亞洲和歐洲，導致 2008 年全球經濟衰退，並迅即引發了 2009 年的歐洲主權債務危機（也稱為「歐債危機」）的開始，一直持續到 2017 年才稍為好轉。在此期間，歐洲聯盟還應對來自撒哈拉以南非洲的新一批非法移民帶來的挑戰。然後，從 2017 年開始，英國脫歐導致消費疲弱、2018 年中國經濟放緩接著中美貿易衝突、2019 年年中香港社會事件引發的暴亂與美國遏制中國的崛起，以及 2020 年年初開始蔓延的新冠肺炎疫情，正所謂一波未平，一波又起。

黎啟明逆難而上，開始時選擇了專注於有機成長、提高營運效率，並從 2012 年開始執行客戶聯通策略（詳見第 13 章）。屈臣氏在過去 14 年中，成功地在中國大陸開拓市場，從 2006 年底約 250 家門市，增至 2020 年 12 月底約 4,115 家，成為保健與美容行業的翹楚。但在印度市場受制於種種原因卻久久未能進入（詳見第 14 章第 5 節）。2014 年，和黃間接出售屈臣氏 24.95% 股權給新加坡主權基金「淡馬錫」（Temasek），這讓其加快步伐落實客戶聯通策略，並在 2018 年扭轉在中國大陸曾經因為電商的猛烈攻勢而增幅一度放緩的市場。2019 年，屈臣氏開始在越南投資開辦零售藥妝業務。2020 年席捲全球的新型冠狀病毒，使得 X、Y、Z 世代消費者的線上購物行為，在許多國家與地區已成為全新的常態。

2. 不安寧的時代，2007 至 2020 年

黎啟明接掌屈臣氏之前，曾於 1998 至 2000 年擔任和黃地產發展與控股部飯店分部的董事總經理，1994 至 1997 年期間擔任屈臣氏的財務總監，因此他對和黃的願景、經營理念與屈臣氏的營運模式都是瞭若指掌，是一位理想的接班人。當時，黎啟明的最大挑戰有四：

- 設計一個風險管理的作業系統，以及優化在歐洲已收購的藥妝與美妝業務。
- 建立以「全球思維、本地行動」的接班人與中階管理階層。
- 重新評估與制定屈臣氏第二階段全球化的策略。

　　西歐是 2008 至 2009 年全球金融危機中最嚴重的地區之
一，其後在 2010 年躍升後，因 2012 年的歐債危機繼續發酵再

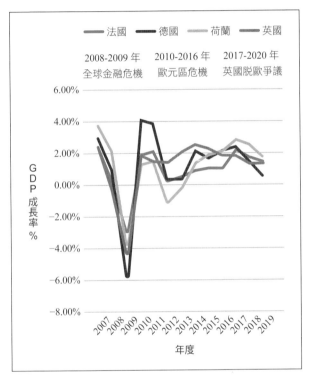

⊙ 圖表 48　2007–2019 年，個別歐洲市場的 GDP 增幅
資料來源：世界銀行。

次下跌[1]（圖表 48）。在東亞，個別國家與地區受惠於中國大陸
2009 年的救市措施呈現經濟反彈（圖表 49）。在 2007 至 2020
年期間，亞洲和東歐發展中市場的中等收入城市人口成長勢頭
不減。受益最大的國家是中國和東南亞、波蘭、土耳其、烏克

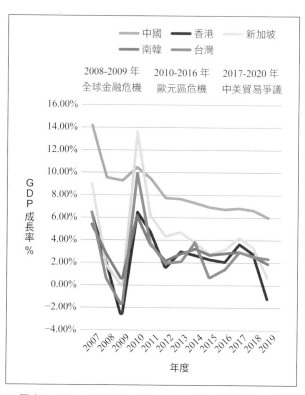

◉ 圖表 49　2007-2019 年，個別亞洲市場的 GDP 增幅
資料來源：世界銀行。

蘭等。[2] 英國在 2016 年 6 月舉辦全民公投，並以 52：48 的比例支持脫離歐盟，此結果在過去 4、5 年對消費者及零售業造成負面影響。但對屈臣氏的獲利打擊最大的，是港幣自 1983 年 10 月實施與美元掛鉤以來，英鎊、歐元及人民幣兌美元在 2014 至 2019 年間分別大幅貶值（圖表 50），而這三種貨幣約佔長和 2019 年零售業 EBIT 的 75%。2020 年的首季開始的新冠肺炎疫情，對包括實體零售業的負面影響，可能在疫情後的

2、3 年才能完全復甦。

* 2014 年的外幣兌換為參考基數。

** 英鎊、歐元與人民幣兌換港元分別貶值 21.6%、14.5% 與 10.1%。

⊙ **圖表 50　2014-2019 年，主要外幣兌港元匯率**
　資料來源：香港稅務局。

可持續策略與經營業績

　　黎啟明上任後頭 3 年，開始進行機構重組和提高營運效率（透過減少庫存釋放現金流以開設更多門市、集中採購職能、選擇性增加自有品牌品項提升利潤來實現）[3]。這些措施的執行，克服了 2007 至 2010 年期間的經濟景氣波動。為了進一步優化零售業的業務組合，他在 2010 年先後把沒有獲利或需要管理階層高度關注的業務切割，或轉讓到和黃其他部門或賣掉，聚焦在高獲利與在開發中國家可以持續發展的保健與美容

零售業務（詳見本章第 3 節）。同年，隨著 4G 與智慧型手機的迅速發展，屈臣氏的客戶越來越趨年輕化，他們的消費習慣與嬰兒潮世代很不一樣，黎啟明開始部署客戶聯通策略（詳見第 13 章）。

當淡馬錫在 2014 年成為戰略投資者時，對於快速成長的重視再次成為重心。由於屈臣氏香港以外的收入已超越屈臣氏 90% 的利潤，英鎊、歐元和人民幣對港元的貶值，抵銷了過去 5 年的利潤成長。從 2014 到 2019 年，屈臣氏全球藥妝業在合併後，EBIT% 保持相當穩定，範圍為 9.0% 至 10.1%，其他零售業以超市為主的 EBIT% 卻徘徊在 0.4% 至 3.1% 之間。2019 年度的其他零售分部的收益總額及 EBIT 分別減少 8% 及 15%[4,5]（圖表 51）。從 2015 到 2019 年的 5 年期間，實施了客戶聯通策略和新開了 4,391 家門市，或成長了 29%，其中中國大陸為 1,859 家，佔 42%、亞洲 1,427 家和歐洲 1,065 家。2020 年在疫情下，全年營業額與 EBIT 分別為 1,596 億和 149 億港元，分別減少 6% 與 20%，為自 1982 年以來最差的表現；門市數目仍繼續成長 2% 至 16,167 家。屈臣氏擁有 40% 股權的德國 DRG 藥妝集團，則有著 3.5% 的增幅，營業額為 103.5 億歐元。

扭轉英國藥妝業的頹勢

屈臣氏在英國藥妝業務的表現，猶如教科書描述的典型成功個案那般，在 5 年間實現企業營運的驚人逆轉，這是由於和黃在 2006 年投入了業務資金重組所急需的資金，以及讓擅長

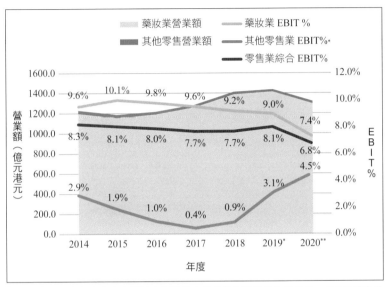

* 2019 年，百佳超市在與永輝超市和騰訊在廣東省合資超市的交易中，在其他零售營
業額獲得一次性的收益 6.33 億港元。撇除上述一次性收益，由於 2019 年下半年香
港之社會動盪，使其他零售分部的 EBIT 減少，實際上只有 1% 而非 3.1%。

** 2020 年，冠狀病毒疫情席捲全球，零售藥妝面對史無前例的下滑，屈臣氏的藥妝
業年度同比營業額與 EBIT 分別為 8.2% 與 27.4%。其他零售業、主要為百佳超級市
場的年度同比營業額與 EBIT 則上升 7% 與 56%，主要原因為大部分個人與家庭從
超市購買食品回家煮食，而不外出用餐，避免感染。這也使屈臣氏的線上營業額上
升 90%。

⊙ 圖表 51　2014-2020 年，長和零售業業績
　　資料來源：香港公司註冊署。

商業策略的管理階層執行期待已久的地域擴張策略，並推出
產品優化策略，包括高毛利的自有品牌保健與美容產品組合。
因此，Savers 折扣藥妝從 2007 至 2010 年，4 年內轉虧為盈，
Superdrug 的獲利也有倍增。隨後，Savers 和 Superdrug 從
2013 年起，均顯示出可觀的利潤成長。2016 年年中開始，在

英國脫歐的陰影籠罩下，工商業的投資態度與消費者的消費趨向保守，令原本低迷的零售業更是雪上加霜，屈臣氏在英國的兩家藥妝企業（Savers 與 Superdrug），在 2016 至 2019 年間，EBIT 與毛利率卻一直保持著 9% 與 7%，實在是令人激賞的表現（圖表 52）。在這裡值得一提的，有兩位屈臣氏英國的資深管理者：

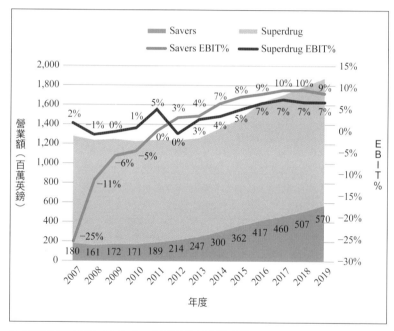

◉ 圖表 52　2007–2018 年，屈臣氏英國藥妝業績
　　資料來源：英國公司註冊署。

　　屈翠容（Joey Wat）於 2004 年在英國加入屈臣氏，任職策略計畫與發展主管，並協助時任董事總經理的尹輝立制定

「振興計畫」。2007 年，她出任 Savers 董事總經理，2011 年晉升為 Savers 與 Superdrug 首席營運官並專注於 Superdrug 的業務，1 年後再晉陞為董事總經理一直到 2014 年 [6]。

麥克納布（Peter McNab），2000 年 Savers 被屈臣氏收購時管理團隊中的成員。他在 2004 年短暫的離開之後，於 2007 年重新加入 Savers 擔任商務總監，隨後於 2011 年接任 Savers 常務董事，並在 2014 年 5 月繼任為屈臣氏英國的董事總經理。

中國大陸市場的興起與趨緩

自 1980 年以來，中國大陸一直位於屈臣氏成長計畫的棋盤內。由於快速的都市化與 1982 年開放政策的結果，可支配收入增加與國內生產總值的成長令人矚目。1982 年，中國大陸的都市化程度達到 20.9%，而在 1990 至 2019 這 20 年裡，都市化程度躍升至 60.6%。人均家庭可支配收入在 10 年間也從 1,510 元飆升至 42,359 元，成長了 28 倍。這主要歸因於對基礎設施的投資，以及過去 30 年來，中國作為世界產業基地出口帶來的經濟成果。屈臣氏於 1989 年在北京王府大飯店開設了第一家屈臣氏個人保健美容店，整個 1990 年代，屈臣氏於中國大陸的商店成長緩慢，一直到 2005 年 1 月 14 日，才在廣州達到第 100 家門市的里程碑。到了 2020 年 12 月 31 日，屈臣氏在中國大陸已擁有 4,115 家藥妝實體店，同時也接收了部分香港怡和集團直屬牛奶萬寧國際在華南地區的藥妝門市 [7, 8]（圖表 53）。中國大陸零售業包括保健和美容業務的迅猛成長，歸因於以下四個主要動力：

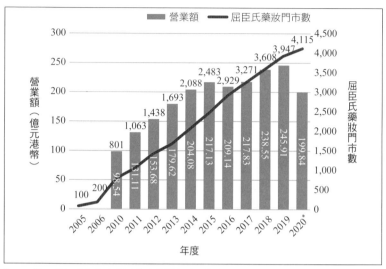

* 2020 年，屈臣氏藥妝在中國大陸的門市雖然年度同比增加 168 間，但因為上半年在疫情期間，多個城市封城，營業額大幅下降 19%，許多消費者轉往線上購物。

⊙ 圖表 53　2005-2020 年，中國大陸屈臣氏藥妝營業額與門市數
　資料來源：綜合媒體報導。

- 自 1978 開始實施的「改革開放」與「一胎化政策」，尤其是在 1990 年代後的經濟起飛、可支配收入逐年遞增，消費意願大幅提升。
- 中國大陸國內商業租賃市場的慣例，乃依營業額百分比而非固定的金額，降低了財務風險。
- 導購員收入與營業額掛鉤而非固定工資，比例一般為 80：20。
- 千禧世代和 Z 世代非常渴望擁有新穎的全球品牌來與外界建立聯繫。

　　2007 年，羅敬仁（Christian Nothhaft）被被任命為屈臣氏中國藥妝的首席執行官，在此之前，他曾擔任屈臣氏香港豐澤電子和電器零售業的常務董事。從 2007 到 2016 年的 10 年間，屈臣氏從 100 家門市增加至 2,929 家。當時，屈臣氏陳列的 1,500 種品牌產品中，高利潤（平均毛利率 60% 以上）獨家或自有品牌產品佔有三分之一，每月平均營業額為 100 萬元人民幣，EBITDA 為 25%，投資開設新店的費用 150 萬元人民幣一般可在 15 個月內回收。2014 年 2 月，阿里巴巴推出了「天貓」國際，消費者直接上網購買自己熟悉與慣用的國際品牌，例如歐萊雅、資生堂、寶僑等原裝打折美妝品，消費者行為的改變造成每家零售商店的營業額迅速下降。這種趨勢在 2016 年已被證實為不可逆轉，屈臣氏的年度營業額為 209 億港元，相比 2015 年下滑 4%，如果撇除人民幣因素，實際的成長只有 2%。[9]

　　2015 年底，羅敬仁退休，高宏達（Kulvinder Birring）在 2016 年初加入中國屈臣氏成為首席營運總監。他在熟悉市場與營運流程後，在 2017 年 3 月接替羅敬仁的崗位成為署理行政總裁。面對國內 6,000 萬的屈臣氏會員，高宏達迅速做出相對的調整，針對年輕一代客群推出包括上海正大廣場的嶄新屈臣氏店鋪，其零售門市內裝潢風格、品牌結構與商品組合煥然一新，加速翻新與開新店。除了維護既有市場外，也提供全新的體驗，包括專業彩妝團隊免費提供會員肌膚測試、美容保養等體驗服務。隨著 2018 年客戶連通戰略的啟動，獲利能力的上升趨勢將得以維持。接著連續 2 年有著 7% 營業額成長，但 2020 年上半年的業績，因為新冠肺炎的影響而再次受到打擊。

3. 業務重組

屈臣氏的業務可以分為四個類別：

- 藥妝類：屈臣氏有 7 個藥妝品牌，包括原來的屈臣氏品牌（主要在亞洲、中國、土耳其）提供健康和美容服務、Drogas（波羅的海國家）、Kruidvat（荷比盧三國）、Trekpleister（荷蘭）、DRG、Savers（英國）、Superdrug（英國）。

- 豪華化妝品和香水：ICI Paris XL（荷比盧）與 The Perfume Shop（英國）（不包括總部設在巴黎的蔓麗安奈，後者在 2013 年轉移至投資及其他業務部門，但管理仍然由黎啟明領導）。

- 其他零售：包括百佳、豐澤、屈臣氏酒業。

- 製造業：包括飲料和蒸餾水。

在 2016 至 2020 年的 5 年期間，中國大陸的屈臣氏藥妝門市從 2,929 家增加到 4,115 家，即 1,186 家新店或 40% 的增幅，這些商店利用更深入中國內陸省份的二級和三級城市來維持營業成長。2020 年，屈臣氏零售與製造業營業額年度同比下跌 6% 至 1,596 億港元，EBIT 下跌 20% 至 109 億港元。[10] 藥妝業為主要業務佔營業額 80%，也是打擊最大的業務板塊。這是因為自 2 月開始疫情蔓延下，許多藥妝門市停業及顧客流量下降，令營業額大減、獲利下降。

在非核心業務與市場上散焦

零售業眾所周知，超市能夠產生龐大現金流，但利潤率甚低。在全球範圍內，Walmart、Tesco 等大型超市也只有個位數百分比的 EBIT。除了日本以外的亞洲地區，屈臣氏的大型百佳與怡和集團的惠康超市連鎖店，也被認為只有個位數百分比的 EBIT。

2020 年，屈臣氏全球的營業額與 EBIT 為 1,596 億港元與 109.3 億港元，貢獻了長和集團 40% 與 20% 的比例。屈臣氏集團內的 16,167 家門市中，其他零售包括百佳超市、豐澤、洋酒等佔 3%，即 468 家。若撇除與廣東永輝合資的一次性收益 6.33 億港元，其他零售部門的 2019 年 EBIT 只有 2.23 億港元，EBIT 毛利率只有不到 1%[11]。

2020 年上半年，屈臣氏在其他零售分部的非核心業務同比收益反而成長 5% 至 148 億，但 EBITDA 卻下跌 13%。這個變化主要由於疫情期間很多人都沒有上班、留在家中，因而對食品、消毒、清潔用品及雜貨需求增加。尤其是香港百佳超級市場的表現超乎預期，同時對豐澤高價的電器、電子類產品卻步，因而有更多的虧損。

內部轉讓法國美妝與出售韓國藥妝業務

自 2005 年屈臣氏收購法國香水、美妝企業蔓麗安奈後，其業績一直不振。雖然，蔓麗安奈於 2012 年在 13 個國家、地區的 1,200 家商店創造了 11 億歐元的營業額，是法國香水和

美妝專業業務的領導者之一。但根據 2013 年當時和黃年度報告，蔓麗安奈 2012 年的業務收入為 101 億港元，EBITDA 及 EBIT 虧損分別為 5,400 萬與 3.09 億港元。這相當於屈臣氏的綜合營業額的 6.8%。和黃在 2013 年開始，蔓麗安奈的業務也從零售與製造業部門轉到財務與投資部門，但其 2014 年在法國市場的市佔率，也從 2006 年排名第一的 28% 下跌至 2014 年落於絲芙蘭之後[12]（表 7）。許多跨國企業在法國的收購專案在日後的管理上都遇到類似的挑戰，究竟這個國家的商業文化為有何不同呢？（詳見第 12 章第 3 節）

⊙ 表 7　2014 年法國奢侈香水美妝零售商

排名	零售商	法國門市數目	2014 營業額（億歐元）	備註
1	絲芙蘭	300	36.13	自 1997 年成為 LVMH 全資附屬公司。
2	蔓麗安奈	560	10.11	自 2005 年成為屈臣氏全資附屬公司，但在 2013 年轉到和黃其他財務與投資部。
3	Nocibe	460	0.680	2013 年 10 月被德國 Douglas 收購後，共有 625 家門市，排名第二。

資料來源：綜合各財經新聞報導。

2018 年，韓國零售保健和美容市場估計為 47.6 億美元。當地市場領導者 CJ 集團的子公司 Olive Young，在全國擁有 1,100 多家零售藥妝門市。GS Watson 是屈臣氏與韓國 GS Retail 於 2004 年 12 月成立的 50：50 合資企業，2005 年 3 月創立了第一家屈臣氏藥妝品牌店。12 年後（2016 年底），GS

Watson 開設了 128 家門市。考慮到韓國市場的規模和潛力，每年平均僅開設 10 家新店，顯然不是 GS 的主要業務。2017 年 2 月，GS Retail 以 1,050 萬美元的價格從屈臣氏手中收購了 50% 的股權，並於 2018 年 2 月推出了新的 Lalavla 品牌。估計，屈臣氏將其 50% 的股份出售給合資夥伴 GS Retail 的理由，是由於市場競爭激烈，過去 12 年的合資過程中幾乎從來沒有獲利，未來前途也是有限。

與德國 DRG 藥妝的成功合資

自 2004 年以來，屈臣氏取得德國 DRG 的 40% 股權。DRG 是德國排名第二的藥妝連鎖店，僅次於 DM 集團（dm-drogerie markt GmbH +Co），但領先於穆勒漢德爾集團（Muller Handels GmbH）。

2020 年，DRG 實現了 103.5 億歐元的收入，其中 73.3 億歐元來自德國國內市場的 2,233 家門市、30.6 億歐元來自東歐諸國的 2,011 家門市（圖表 54）。

4. 社會動盪抑制零售業

在亞洲，2010 年代的 10 年間，社會動盪變得越趨激進，從曼谷到台北的嬰兒潮世代在他們的退休後期，傾向沿用既有制度以維持社會的穩定，而 Y 和 Z 世代則選擇激進的行為，意圖從根本上改變現有的政治制度。這些社會主義形式運動，最初都是從和平抗議活動開始後以靜坐結束，然而近年的社會

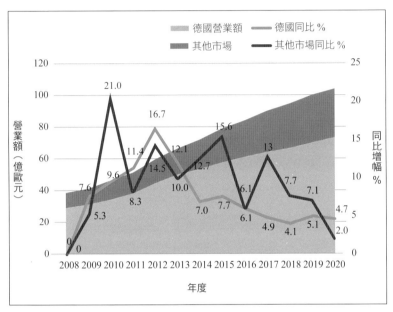

◉ 圖表 54　2008-2020 年，DRG 營業增幅
　　資料來源：綜合財經媒體報導。

運動往往導致示威者與員警之間發生暴力衝突。隨著夜間新聞
廣播中顯示這些地區的暴亂影像片段，境外遊客往往延後或取
消到這些地區的旅行，而使零售與服務業受到的打擊最大。屈
臣氏藥妝是許多第一次出國旅遊者其中一個心儀的購物目的
地，這些店鋪提供化妝品、皮膚護理、保健品和個人護理商品
等多種選擇。在亞洲許多市場中，中國大陸遊客已佔入境遊客
總數的四分之一至三分之一，是所有遊客中人均支出最高的消
費者。若中國大陸入境遊客大幅下降，都將立即導致零售貿易
額的下降。

　　由於屈臣氏的藥妝門市多分布於各地中央商務區、旅遊購

物商場及一些人潮密集的商業區，因此在這些市場發生的社會
事件透過個別媒體的渲染而使遊客卻步，屈臣氏經常成為受害
者。在台灣，民間團體和學生領導人組織的「太陽花運動」，
以及 2016 年本土派的民主進步黨執政，使中國大陸與台灣
關係的降溫，導致赴台灣旅遊的中國大陸遊客人次從 2015 年
的 4,184,102 人，急劇下降至 2019 年的 2,714,065 人，或下跌
35%；2020 年，旅遊業因新冠病毒疫情影響而跌至谷底（圖表
55）。

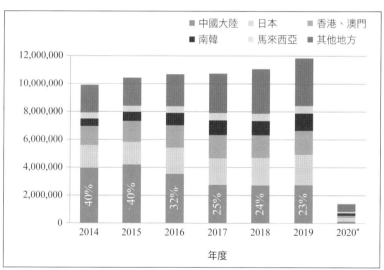

* 4 年內，中國大陸遊客從 2015 年的 420 萬，下滑至 2019 年的 271 萬，佔比也從 40%
下跌至 23%。2020 年，因為新冠病毒疫情，來台旅客人數為 138 萬，比起 2019 年的
1,186 萬下跌 88%。在 2020 年，日本遊客人數為 27 萬，首次超越中國大陸旅客人數
11 萬。

⊙ 圖表 55　2014-2020 年，台灣旅客人數前五名
　　資料來源：交通部觀光局。

台灣屈臣氏迎難而上

　　台灣的許多零售與服務業都依賴陸客的消費，如屈臣氏的藥妝業。由於中國大陸遊客傾向於為其家人和朋友在海外旅行中購買大量的免稅商品，包括化妝品、護膚品和保健品等，因此陸客對健康和美容品項的零售額影響甚深。因為到訪台灣的陸客改道前往日本、韓國和其他東南亞國家與地區，2016年，台灣雖失去 67.3 萬名陸客，但從日本、南韓、香港、新馬等國家與地區增加旅客數目足夠彌補缺失，同時來自其他國家的旅客也有 22 萬人次的淨增加。綜合零售業與保健與美容業的增幅，也在 2017 與 2018 兩年顯示了出來（圖表 56）。

　　2016 年 2 月，屈臣氏台灣董事總經理安濤榮升為屈臣氏亞洲區董事總經理，其職位由服務屈臣氏 24 年的本地零售專才弋順蘭接任。面對逐漸失去的陸客業務，她與管理團隊即時制定會員優惠，並在第三季創新的行銷戰略刺激本地消費者。首度與麥當勞速食店結盟，推出互惠的買一送一券促銷，也就是到屈臣氏買東西即送麥當勞優惠券、到麥當勞用餐也送屈臣氏抵用券，令當年業績為過去 5 年成長最高的一年，會員人數也增至 500 萬。

　　2017 年，陸客進一步下跌，弋順蘭採取了門市客戶分類策略，把台灣 520 多間門市分類為遊客店與社區店。遊客店涵蓋夜市、觀光景點、觀光客密度高的百貨商圈等，專攻日、韓遊客；而社區店則以滿足家庭主婦與學生的生活用品需求來衝刺業績成長。另外，屈臣氏台灣門市也增加至 550 家，滿足在地需求的健身器材如腳踏車、露營用品等，皆保持年度 10%

2015 年，雖然保健與美容營業額增幅 1.93%，但中國大陸遊客在台灣購買保健美容品的金額下跌 32.58 億元新台幣。

⊙ 圖表 56　2014-2019 年，台灣全部與零售業銷售增幅
　　資料來源：交通部觀光局。

的成長目標。這段期間，屈臣氏也開設新一代 Tech-Fun 品牌概念店。除了門市的裝潢外，也加入許多科技的元素，如虛擬化妝機、虛擬貨架、自助結帳機台等，結合線上與線下體驗。

雨傘運動的代價

　　香港的一些政治人物和學生在美國青年佔領華爾街金融區事件（在 2011 年 9 月）啟發下，也於 2014 年 9 月 26 日至 12 月 15 日發起了「雨傘運動」或稱「佔領中環」事件，其目的

是改變《基本法》框架下的選舉制度。開始時，是一系列靜坐
運動，而後佔領了金鐘、灣仔和銅鑼灣繁忙的中央和購物區的
道路和公共區域，一小撮不法分子變得暴力起來，破壞公共與
私人財產，但在 2015 年下半年因失去了動力而結束。

　　這起運動對來港遊客的安全造成嚴重負面影響，特別是佔
香港入境 77% 的中國大陸遊客，在 2015 及 2016 年的兩年內
下降了 440 萬高消費人群，一直到 2017 年才開始逐步復甦。
經過 3 年半的休息，「雨傘運動 2.0」、又稱「反送中運動」於
2019 年 6 月 3 日再次發動。這次的起因是一宗香港嫌疑犯於
2018 年在台灣謀殺女友後逃回香港，而引起政府擬制定《移
交逃犯條例》（簡稱《逃犯法》）。反對《逃犯法》的組織者動
員中學生和大學生，以及在同情者的支持下，於 6 月初開始參
加每週一次的示威遊行，後來逐步升級為與員警的暴力衝突。
從 2019 年 6 月到 12 月的 7 個月內，香港日益嚴重的社會動亂
導致香港犯罪率飆升，到港的中國大陸遊客再次從 2018 年的
5,104 萬人次，下滑到 2019 年的 4,377 萬，減少 727 萬。在這
個困難時期，零售與服務業再次受到重創，許多商店包括數十
家屈臣氏商店關閉。雨傘運動 2.0 直接影響 2019 年的整體國
民生產總值中的零售、健康和美容業務（圖表 57）。

5. 新型冠狀病毒大流行和全球經濟衰退

　　新冠肺炎的首例感染，於 2019 年 12 月 8 日在中國湖北省
武漢市被報導，3 週後確立了人類傳播模式，中國大陸於當月
31 日正式向世界衛生組織通報。

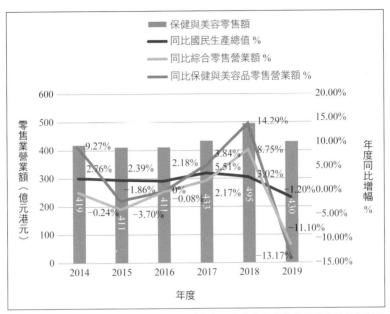

*「雨傘運動 2.0」在 2019 年 6 月到 12 月間發生，零售保健與美容品營業額同比下跌 $65 億港元或 27.3%。香港在 2019 年 12 月正式步入衰退。

◉ 圖表 57　2014-2019 年，香港零售與保健美容品營業增幅
　　資料來源：香港旅遊局。

　　2020 年 1 月 23 日中午（農曆春節前 2 天），全球共報告 581 例 COVID-19，其中中國報告 571 例（湖北省報告 375 例），重症 95 例、死亡 19 例。當天，中國政府宣佈 1,100 萬人居住的武漢市「封城」，範圍包括湖北省的大部分城市，所有居民在家隔離 14 天後，疫情也迅即受到遏止。但許多國家還是實行了「群體免疫」（Herd Immunity）政策，即是讓人群感染產生抗體，病毒傳播便會減緩，但是這個政策是要一半以上的人口被感染後才有臨床效果，同時犧牲了眾多長者與

長期病患者。世衛於 2020 年 3 月 11 日宣佈了 COVID-19 大流行，截至 2021 年 3 月 20 日，全球感染人數已超過 1.22 億人，死亡人數超過 269 萬人。世衛的專家預測，待 COVID-19 疫苗在 2021 年全面上市後，疫情才能被控制。根據國際貨幣基金會的預測，歐洲央行前副行長維托・康斯坦西奧（Vítor Constâncio）說：

> COVID-19 冠狀病毒引發經濟衰退，源於消費者需求大跌和供應鏈混亂。受影響最大的行業將是休閒娛樂、旅遊、旅行、運輸、能源、金融。銀行的風險規避和債券發行缺乏市場流動性，可能會影響信貸並引發流動性緊縮。[13]

長和董事會主席李澤楷，在 2020 年年終業績零售業報告如下：

> 於 2020 年底，零售部門在 27 個市場經營 16,167 家店舖。儘管店舖組合較 2019 年增加 2%，惟自 2 月開始疫情全球蔓延下，部門銷售額受到嚴重影響。因此，全年收益、EBITDA 及 EBIT 分別為 1,596.19 億、143.97 億及 109.33 億港元，分別減少 6%、15% 及 20%。撇除 2019 年上半年確認之一次性收益，EBITDA 及 EBIT 分別減少 11% 及 16%。下半年逐步放寬限制封鎖措施後，EBITDA 及 EBIT 較 2020 年上半年分別大幅增加 111% 及 168%，較 2019 年下半年

均增加 12%。部門的強勁復甦，有賴於進一步推動數
位轉型以加快實體店舖與線上整合的策略決定，帶動
2020 年電子商務銷售額成長 90%。加上持續與客戶
保持緊密聯繫，忠誠會員人數繼續上升，達 1.39 億
名，貢獻銷售額之 65%。

踏入 2021 年，雖然市場狀況仍未能確定，惟保健
及美容產品依然為日常必要消耗品。零售部門將繼續
奉行加快推進其「線上及線下」平台策略之方針，務
求全力復甦。[14]

6. 總結

2020 年底，黎啟明完成他在屈臣氏掌舵 14 年。在此期
間，他面對多場危機，其中包括 2008 至 2009 年的全球金融
危機、2010 至 2017 年的歐債危機、2017 至 2020 年的英國脫
歐、2018 至 2020 年的中美貿易爭端，以及 2020 年的新冠肺
炎疫情等不斷影響市場的重大事件。此外，過去在荷蘭、比利
時、盧森堡、法國、香港、韓國、台灣和泰國的社會動盪，影
響了屈臣氏在亞洲和歐洲的獲利。蔓麗安奈法國香水連鎖店自
2005 年被收購以來年年虧損，最終在 2012 年被轉移到和黃的
財務和投資部。這據說是為了改善屈臣氏 2013 年公開上市時
的財務表現。和黃在 2014 年選擇向淡馬錫集團間接出售了屈
臣氏 24.95% 的股權，雙方對這次締結策略性聯盟的目的又是
什麼呢？（詳見第 14 章）

無論如何，黎啟明將屈臣氏藥妝門市從 2006 年底的 7,700

家，成長至 2020 年 12 月底的 16,167 家，超過 1 倍。營業額
與 EBIT 分別也從 2006 年的 991 億與 27 億港元，以平均每
年 3.5% 至 10.5% 的速度增加，至 2020 年底為 160 億與 10.9
億港元。在 2015 至 2020 年期間，屈臣氏的營業獲利率平均
為 7% 到 8%，在全球的超市與藥妝業一直保持首位。黎啟明
和他的管理階層採取積極進度的態度，集中精力優化客戶聯
通策略，聚焦在中國大陸、東歐、土耳其以及東南亞的開發中
市場，解決了收購與合併過程中經常發生的問題。從 2007 至
2020 年期間，除了出售部分業務外，建立合資夥伴是主要的
成長引擎。但是，自 1983 年 10 月以來，與美元掛鉤的堅挺
港元，卻使屈臣氏的獲利因為歐元、英鎊、人民幣及其他歐洲
或亞洲國家的貨幣長時間處於低位，而使年度業績增幅打了折
扣，這是全球化分散風險與跨國投資不可避免的代價。

第二部分

最佳管理實踐

第 10 章

改變屈臣氏命運
的三位英國人

1. 簡介

約翰·大衛·堪富利士（簡稱堪富利士）和他的長子亨利（簡稱小堪富利士），於 19 世紀下半葉和 20 世紀頭 30 年，透過屈臣氏在華經營零售與批發西藥及投資地產業務，一度成為當時舉足輕重的人物。他們在中國大陸通商口岸、台灣、菲律賓以及東南亞地區，有著鴉片戒煙藥專賣的領導地位，也是歷史傳奇及塑造中國現代零售藥房的主要推動者，對後世的西藥零售、批發及製造業發展有著深遠的影響。

英國零售業資深人士韋以安，繼承了堪富利士父子對屈臣氏地域擴張未能完成的願景。他在 1982 年加入香港屈臣氏之前，先後在兩家英國享有盛名的 Woolworths 百貨公司與 Asda 超市發展事業，對市場趨勢、消費者行為和零售業務營運有深入的瞭解與洞悉。韋以安充滿熱情和幹勁，得到了和黃歷屆領導者的支持，並獲得了時任主席李嘉誠的信任。他在 2006 年

將屈臣氏的零售保健和美容業務發展成為一個擁有 8,000 家門市的藥妝帝國，締造了亞洲零售企業跨國經營的先河。

這三位英國籍商界精英在領導風格和處理解決問題上各有千秋。然而，他們的共同目標是透過產品組合的優化、營運效率的提升和客戶關係管理方面採用多種商業策略，建立永續的屈臣氏品牌與其價值。

2. 堪富利士之旅：從背包客到大亨

堪富利士 1837 年於英國出生，在 1850 年代中期的維多利亞時代，他與許多其他年輕的英國人一樣湧向大英帝國新殖民地建立自己的事業。當時，堪富利士以「背包客」的身份，從倫敦乘船到印度加爾各答落腳。他在那裡學習了一些商業技能後，於 1864 年與潔西・蘭伯特（Jessie Lambert，暱稱 Jepie，1847–1912）結婚，不久兩人就踏上往澳洲淘金的歷程。他們在新南威爾斯州待了 2 年，運氣不佳，決定於 1866 年轉戰香港做最後衝刺。

從 1870 年至 1940 年代，堪富利士家族曾是香港排名前三名的地產發展商之一。1870 年代中期，他成立了列治文台房地產與建築有限公司（Richmond Terrace Estate and Building Co. Ltd.，簡稱 RTEB）開始涉足房地產業務，投資地區最初是在港島半山，之後在山頂地區，此地段一直到 19 世紀末才選擇性地容許非英國人居住（表 8）。 100 年後的 1981 年，香港另一位地產大亨，李嘉誠，成為屈臣氏的唯一股東。

　　到了 1883 年，屈臣氏的品牌與堪富利士的聲譽，已成為東方廣為人知的商號。他接手屈臣氏品牌經營的香港大藥房，積極地發展鴉片戒煙藥、零售和批發藥品、汽水的全國性業務產生大量現金。1891 年 10 月，RTEB 更改名稱為堪富利士金融與地產有限公司（Humphreys Estate & Finance Company Ltd.），並開始在九龍尖沙咀地區增購土地建房。[1] 到 1890 年代後期，該公司的資本為 100 萬港元，同時擁有佔地 386,000 平方英尺的列治文台（現為港島西半山列堤頓道地段），以及佔地 536,000 平方英尺的九龍尖沙咀區地段，堪富利士成為香港的一位舉足輕重的地產大亨。

⊙ 表 8　堪富利士的商業王國

地區	年份[2]	業務性質	公司名稱
英國、中國大陸與香港、菲律賓	1874 年	零售與製造藥業	屈臣氏公司、香港大藥房、上海大藥房等經營者
	1870 至 1890 年	房地產開發包括港島半山、山頂與九龍尖沙咀地段	列治文台房地產與建築有限公司（直至 1890 年）
	1891 年		堪富利士金融與地產有限公司接任列治文台房地產與建築有限公司
	1884 年	山頂纜車	香港高山纜車有限公司
	1886 年	公眾公司	屈臣氏有限公司[3]
	1890 年代	家族辦公室	堪富利士父子有限公司（英國倫敦、香港）
澳洲、新南威爾斯州	1890 年代	金礦	新巴莫拉爾（Balmoral）金礦有限公司
	1890 年代	金礦	奧利佛斯（Oilvers）永久業權礦場有限公司

資料來源：《香港西藥業史》，2020：40，51-54。

　　堪富利士曾經在印度與澳洲謀生，身經百戰，他特具慧眼，能夠從風險中找到機遇，尤其是在遙遠的十里洋場上海和熱情滿溢的馬尼拉，完全捕捉到「危機」一詞的真正的意義。

3. 堪富利士家族

　　堪富利士 28 歲時，與比他小 10 歲的英裔潔西・蘭伯特在印度結婚。婚後，兩人共結連理 34 年直到堪富利士在 1897 年返回英國後過世為止。他們有三名子女，長子亨利在 1867 年他們來到香港後出生、次子約翰與三女愛麗絲也都在香港出生（圖表 58）。堪富利士有一位兄弟艾德蒙・埃利亞斯（Edmund Elias）在倫敦的堪富利士父子有限公司幫助代理業務（自 1880 至 1920 年代從歐洲和英國採購專有藥品，包括最新型的鴉片戒煙藥、葡萄酒和烈酒），以及管理倫敦的家族辦公室。小堪富利士於 1889 年從英國成為藥劑師後返回香港，同年與愛麗絲（Alice，姓氏不詳）結婚。他們有三名兒女包括約翰・大衛（John David）、紫羅蘭・克裡斯汀（Violet Christine）和桃樂西（Dorothy）。愛麗絲於 1895 年乘坐開往英國的郵輪途中去世。

　　愛麗絲過世後，小堪富利士據說與他的表妹伊娃（Eva）於 1898 年 4 月 12 日在香港中環聖約翰大教堂再婚。他們有一名兒子艾德蒙・塞西爾（Edmund Cecil），後者定居於英國貝德福德。1933 年，小堪富利士在香港退任堪富利士金融與地產有限公司及屈臣氏有限公司董事會主席後，移居加拿大英屬哥倫比亞的溫哥華島。他的長子約翰・大衛接任堪富利士父子

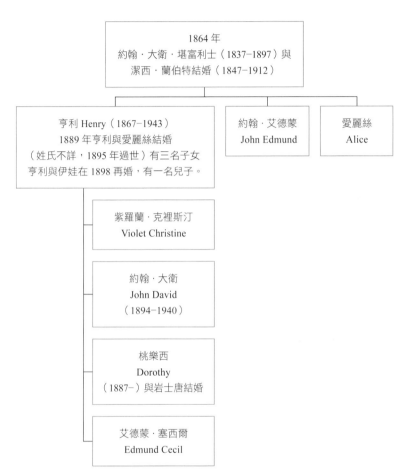

⊙ 圖表 58　堪富利士家族
資料來源：《香港西藥業史》，2020：275-282。

有限公司和堪富利士房地產金融有限公司的家族辦公室主管。
1939 年，堪富利士出售他在溫哥華島的物業後搬到了維多利
亞市入住皇后酒店。1942 年，他在加拿大維多利亞市過世，

享年 75 歲。不幸的是，約翰於 1940 年在香港去世，享年只有 46 歲。[4]

4. 社會活動家

堪富利士是一位為非常活躍、八面玲瓏的社會活動家。從政治、社會，到教育、運動等活動，他總是積極參與，熱心公益，為一位受人尊敬的企業家。1888 年，堪富利士被提名為香港衛生局非官守議員席位的四名候選人之一。[5] 他第一次當選時，1888 年 6 月 12 日的英文香港日報有如下報導：

> 昨天，香港舉行了第一次全民選舉，當時要求納稅人從四名候選人中選出兩名，他們在重組後的衛生局中當選。兩位獲選者為商人堪富利士與資深大律師法蘭氏（J.J. Francis），任期 3 年的議員。[6, 7, 8]

他在 1891 至 1892 年與 1893 至 1894 年再次當選。堪富利士是九龍彌敦道的九龍書院的創始成員，後來更名為英王佐治五世學校，是一家英童學校，他還是當時位於香港島般咸道的拔萃女校和孤兒院的董事會成員。

5. 小堪富利士：具有遠見的化學師

1874 年，當小堪富利士年僅 8 歲時，他的父親收購了經營夥伴亞瑟・亨特的股份後，屈臣氏的業務開始騰飛。小堪富

利士的童年時光是在家族的大藥房中度過的，目的是栽培他成為家族接班人。隨後，他被送往英國南海的聖海倫學院學習，為進入製藥業做準備。小堪富利士隨後往倫敦就讀於英國藥學會附設的藥學專門學校，並在 1888 年通過了藥學會的主要考試，獲得了藥劑師註冊（圖 21）。[9] 翌年 22 歲時，他返回香港加入屈臣氏，成為香港大藥房的藥劑師經理，是當時殖民地三位具有高資歷的「化學師」（即藥劑師）之一。[10]

◉ 圖 21　1888 年 6 月 21 日，小堪富利士在英國註冊成為藥劑師
來源：《1919 年化學師和藥師名錄》。

小堪富利士在 1890 年 10 月版的《美國藥學雜誌》上，透過視覺和化學鑑定方法發表了一篇有關《中國肉桂》的文章，介紹如何鑑定與區分肉桂和決明子（廉價的「仿月桂」草本植物）。在他的文章中提到：

> 六個樣品在涼水浸劑內都會產生藍黑色液體，顯示碘的存在。但若這些樣品在氯化汞（$HgCl_2$）處理下則不會產生黏液。這六種香氣都有一些接近肉桂，但在某些情況則有一種辛辣味表示更接近決明子。

但是，我能夠確定的一個重要點是在安南（越南）的「中國肉桂」為野生的，比起在廣西和廣東兩省西江種植的決明子更南邊、更遠。[11]

小堪富利士這篇文章的發表，顯然是確立他具備生藥學包括本地常用中草藥知識的藥劑師之地位。幾年前，威廉・克勞（William Crow）等人在《中國評論》上發表了一篇有關〈中藥注意事項〉的文章，同樣證明他們對本地華人使用中草藥的瞭解。[12]

小堪富利士跟隨父親的腳步，在 1906 年無對手參選下自動當選為衛生局的非官方議員。在衛生局任職議員的 3 年期間，港督彌敦（Matthew Nathan）任命包括小堪富利士等三人組成「《公共衛生與法規條例》委員會」，負責調查衛生局涉嫌的腐敗和賄賂。調查結果促成了《公共衛生和建築條例》的修正案，於 1908 年對衛生委員會進行了改革。[13]

第一次世界大戰期間，小堪富利士加入了香港志願軍，並在 1922 年被授予太平紳士的榮譽，以表彰他在第一次世界大戰維護香港本地治安的貢獻。像許多他在香港殖民地時代的富翁一樣，紳士俱樂部的會員資格使人們可以見面並交流八卦。除了是一名狂熱的網球運動員外，他還是賽馬運動的積極參與者，並且像他父親一樣擁有幾匹馬。他還是香港木球會和銅鑼灣香港遊艇俱樂部的成員和常客。

堪富利士兩父子在香港的成就，可以在今天兩條街道上看到他們的歷史痕跡，那就是位於九龍尖沙咀的堪富利士道與港島北角的屈臣氏道（圖 22）。

◉ 圖 22　香港的堪富利士道與屈臣氏道路標

6. 韋以安：布拉德福德之子

　　韋以安於 1940 年 3 月出生在英國布拉德福德，他的已故父親哈利（Harry，簡稱「老韋」）在第二次世界大戰之前，曾在當地的瑪莎百貨（Marks & Spencer）倉庫工作，後來參軍。老韋在二戰時的表現英勇和具備領導才能，獲得了許多榮譽，並在戰爭期間被提升為中校。老韋在戰後重新加入瑪莎百貨之後不久，成為了一家總店經理。他以身作則從小便教導韋以安服從紀律、堅持毅力、執行計畫和勤奮等價值。

　　韋以安在英國中部西約克郡的哈利法克斯（Halifax）的 Crossley-Porter 文法學校就讀。他的法語很不錯，最喜歡的運動是木球和橄欖球。16 歲那年，他最初渴望成為一名職業板球運動員和橄欖球運動員。韋以安畢業後不久就在弗裡克利煤礦板球俱樂部（Frickley Colliery Cricket Club）任職職業運動員。在板球界度過了幾年之後，韋以安在 1958 年 19 歲時，轉換至零售業的跑道。

　　他在英格蘭東北部的北林肯郡斯肯索普（Scunthrope）的伍爾沃斯百貨公司擔任實習生。韋以安努力工作，經常最後一個離開百貨公司，並在不同部門間輪調，獲得了全面的營運經驗，學會了如何與其他員工溝通。他激勵營業人員的方法是鼓

勵他們贏得新客戶、並以優質的服務留住老客戶，這讓他後來晉升為主管，以及在 1968 年 29 歲時，成為伍爾沃斯百貨公司最年輕的經理，負責商店的產品組合與利潤。憑著出色的業務營業額，韋以安擔任商店經理的年薪為 9,000 英鎊，他所得的分紅佔該分店利潤的 10%，遠遠超過他的上司，即負責多家伍爾沃斯商店的區域經理的年收入。韋以安在伍爾沃思百貨待了 15 年後，覺得事業發展已經到達天花板，需要重新出發。

1972 年，他加入了英國中部「李茲聯乳品公司」（Associated Dairies of Leeds）新成立的 Asda 超級市場擔任總經理一職，並繼續他快速的職涯發展。憑藉敏銳的商業觸角和能幹的態度，他的商業技能與管理實踐得到進一步的磨練，尤其是在消費者行為方面不斷地增廣見識。1979 年，韋以安在 38 歲時成為 Asda 最年輕的執行董事。

1981 年 9 月，一家全球獵頭公司尋找一位洞悉零售行業、且具有快速成長階段的實戰經驗、善於運用人際交往能力，並敢於挑戰現狀的精明管理者。不久，韋以安被安排來到香港，與當時和黃的前首席執行官兼屈臣氏董事會主席李察信（John Richardson），以及和黃的大股東兼董事會主席李嘉誠先生會面。他對零售市場的發展與預見屈臣氏未來在香港與亞洲的抱負，讓李嘉誠與李察信深深認同，當場被聘請為屈臣氏集團董事總經理的職位（圖 23）。

在 1980 年代初期，無論是百佳超市還是屈臣氏藥房，許多門市要不是規模太小就是位於非戰略性位置，屈臣氏的大部份零售店鋪都在「流血」，必須盡快「止血」。韋以安於 42 歲時來到當時英國殖民的香港，加入和黃集團出任屈臣氏集團的

⊙ 圖 23　1982 年，屈臣氏新任集團董事總
經理

來源：鳴謝韋以安。

董事總經理職位。他在任 25 年間，屈臣氏從 250 名員工、20
間門市，發展成為橫跨歐亞，擁有 10 萬名員工、7,700 間門
市，世界前三名的藥妝品牌。

　　在韋以安的領導下，屈臣氏從 1983 年開始成為了一個積
極參與「香港公益金」社區的企業公民。它一系列的慈善和社
區活動，提供青年教育、保健計畫到體育活動等，具有回應社
會訴求的意義。屈臣氏運動俱樂部於 1989 年成立，為本地的
初級運動員提供了更多培訓機會，以改善他們的表現，並透過
運動來培養積極的人生觀。

自屈臣氏被香港社會服務聯會首次頒予「2002 年商界展關懷獎」，此後每年一直都保持其榮譽。2006 年，泰國的屈臣氏個人護理店發起籌款活動，幫助保護泰國兒童權利基金會。同年，英國的 Superdrug 籌集 40 萬英鎊，支持 Macmillian Cancer Relief 不斷增加的癌症服務範圍，並捐贈 225 萬歐元給荷蘭格羅寧根專家中心（Groningen Experet Centre），用於兒童肥胖成因的科學研究。

韋以安參與許多公益活動，他曾是香港業餘田徑協會主席、香港網球協會主席，負責主辦年度香港網球公開賽，他還是渣打銀行組織的年度馬拉松比賽的熱心支持者。一直到今天，韋以安仍然是「香港公益金」榮譽副會長與「香港紅十會」的顧問團成員。為了表揚他積極對社會公益的參與，香港特區政府及義大利政府分別授予他「銅紫荊勳章」（BBS）與「騎士勳章」。

韋以安將他的成就歸功於已在 2018 年 5 月退休的前長和與長實董事會主席李嘉誠：

> 在四分之一世紀裡，我從和黃主席李嘉誠那裡學習到他的遠見、信任和推動力，使那些在和黃發展事業的管理階層沒有後顧之憂、一路往前。在能源、基礎設施、港口、電信、零售製造等行業中工作的每個人，理念都是為了股東的最大利益，並且是承擔社會責任的良好企業公民。屈臣氏是 1980 年代在香港成立的第一家支持公益的公司，如今已成為特區中規模宏大的慈善組織之一。

韋以安從英國到香港,其後穿梭歐亞,在零售保健與美容民生消費用品上建立了一個最佳管理實踐和領導者的典範。無論如何,韋以安在歐亞藥妝行業中,留下了一個傳奇與眾多里程碑,並培養了多位目前在歐亞零售業內具有影響力的行業翹楚(詳見第 12 與 13 章)。

第 11 章

李嘉誠的王道商業哲學，
與從優秀到卓越的轉型

1. 簡介

　　1941 年 12 月 25 日耶誕節，在港英軍向侵華日軍投降之前，包括李嘉誠在內的大量民眾，從華南地區逃避殘酷的日本帝國主義軍隊來到香港。第二次世界大戰結束後的 30 年，來香港避難的四個粵籍家族，逐漸取代了堪富利士等英籍地產家族的地位（表 9）[1]。香港新的四大家族是在二戰後受惠亞當‧斯密（Adam Smith）宣導的自由放任經濟政策，同時他們也崇尚中國儒家思想中社會和諧、締造安定倫理環境的道德素養。

　　香港作為「亞洲國際都會」，李嘉誠為其中一位典型的華人企業家，具備儒家價值觀與西方最佳商業實務管理的融合。[2] 1977 至 1986 年滙豐銀行的董事長沈弼勳爵（Baron Michael Sandberg），支持李嘉誠收購和黃。李嘉誠除了像許多華人企業家一樣奉行「王道」哲學，並取得了巨大的成功外，在他個人的教育、慈善事業工作中同樣得到認可（詳見第 4 節）。屈臣氏從 1841 至 2021 年的 180 年中，由一家幾經摧殘

的零售、汽水、藥廠企業，成為一家橫跨歐亞的零售保健與美容集團。作為一家跨越接近兩個世紀的企業，它是如何實踐、脫離困境、浴火重生、一次又一次地從平凡步入優秀，再邁向卓越的歷程呢？

⊙ 表 9　2021 年香港四大家族資產

姓名	年齡	淨資產金額（十億美元）	主要業務	主要地域分布
李嘉誠	92	35.4	多元化	全球
李兆基	93	30.5	房地產	香港與中國大陸
鄭家純（鄭裕彤長子）	74	22.1	房地產	香港與中國大陸
郭鄺肖卿（郭德勝遺孀）	91	13.4	房地產	香港與中國大陸

資料來源：《富比士》雜誌 2021 年香港富翁榜，2021 年 2 月 24 日。

2. 白手興家的機遇

　　李嘉誠的家鄉於 1939 年 6 月在抗日戰爭中遭日軍佔領。1 年半後，1940 年冬天，時年 12 歲的他從廣東汕頭逃到香港，投奔小舅父莊靜庵的零售手錶店當學徒修理工。1945 年第二次世界大戰結束後不久，16 歲的他成為一家手錶錶帶廠的推銷員。在 1946 至 1949 年間，國共內戰時期有超過 100 萬的難民來到香港，香港成為了擁有大量廉價勞動力的天堂，市場一度蓬勃。由於土地供應稀少、工廠空間不足，許多家庭主婦成了家裡的零散工。這是香港殖民地現代「山寨工廠」的開端。[3]

　　1948 年，20 歲的李嘉誠成為一家玩具公司的總經理。2
年後，在親戚的資助下，他建立了自己的塑膠花廠，即長江
工業有限公司（簡稱「長江」）[4]，接受本地出口貿易商的合約，
製造塑膠花產品銷往歐洲和美國。1955 年，李嘉誠累積了的
第一桶金，並開始制定進入房地產市場的下一步計畫。[5] 3 年
後，他成立了長江實業有限公司（簡稱「長實」）籌集資金，
成為一家房地產開發公司。在接下來的 20 年中，長實透過與
其他小型房地產所有者的收購和合併儲備了非常可觀的土地，
並成為僅次於英資香港置地洋行的第二大房地產開發商。到
了 1978 年，李嘉誠成為香港首富。同年，長實從滙豐銀行收
購了和黃 22.5% 的股權。[6] 在接下來的幾年中，長實從股票市
場上又收購了 8.5% 的股份，並於 1981 年成為和黃的單一大股
東。當時，市場報導李嘉誠投資和黃的動機是在九龍紅磡的荒
置大型船塢土地，用來儲備建造大型私人屋村。同年，和黃也
把屈臣氏私有化，成為旗下全資直屬公司。[7]

　　李嘉誠在 1981 年初擔任和黃董事會主席後不久，便決定
聚焦發展通訊、房地產、能源、碼頭運輸、零售等五類業務。
當時，屈臣氏的零售業務雖然於市場中載浮載沉，但仍具有潛
力，日後甚至成為產生現金流的自動提款機。[8] 他在 2016 年 6
月 30 日接受美國彭博社的採訪時說道：

> 隨著全球市場頻繁和突然的變化，我對現金流特別
> 謹慎。我的原則是始終在成長與穩定之間取得平衡。[9]

　　1981 年，李嘉誠擁有兩家上市公司：長實與和黃，後者

的能源、零售、通訊等服務業所產生的現金流，用來支持海外市場的基礎設施和港口項目。當年第四季，和黃的主席李嘉誠和集團董事總經理李察信任命了屈臣氏董事總經理韋以安，改善零售和製造業務的投資組合。從 1941 至 1981 年間，李嘉誠從鐘錶業學徒開始一路自我進修與「摸著石頭過河」，在 1950 年代成為香港當時最大塑膠花的代工生產者、1970 年代成為香港最大的地產商、1980 年代晉身海外市場。他是如何改變自己、抓住機會、擁抱世界，成為全權最具影響力的企業家之一？

3. 終身學習與王道

李嘉誠沒有接受過正規高中教育，但是已故的教師父親在其家庭教育中讓李嘉誠意識到了終身學習的重要性。第二次世界大戰後，李嘉誠在夜校裡學習英語和簿記，這使他在 1948 年管理玩具工廠時做好了充足的準備。他有一顆好奇的心，喜歡學習所有新技術，包括貨車的維護和修理、塑膠花片的模具製造、庫存管理、倉儲安全、零散工的激勵與招募等細節。這些知識幫助他在原本低利潤的代工製造業務中，以最低的營運成本發展了龐大的家庭組裝工人網絡，而無需承擔固定的廠房與勞工福利成本。同時，在收取出口商的訂金、預付組裝費用、支付供應商和零散工中產生的現金流等環節中存在高回報的投資。在 1955 至 1958 年之間，他忙於與會計師、銀行家、法律專業人士和股票經紀建立工作關係並暸解法規遵從性，以建立穩健、可持續發展的業務。另外，他還向建築師、建築測

量師、工程監督員和結構工程師學習開發商有哪些時常犯的錯誤。

　　李嘉誠支持韋以安在 1980 年代開始推廣本地運動員的培訓專案。當他決定在 1980 年中走向全球化時，他向美國麻省理工學院（MIT）的系統設計和管理學教授尋求建議，以解決複雜的管理問題，以及人工智慧和電子商務等未來技術的趨勢。[10] 他對生物技術的興趣，促使他在 2010 年代中期透過一間專注新科技中早期項目的創投公司：維港投資（Horizon Ventures），成為日後在雞蛋代用品和 Impossible Foods 的創始股東。[11, 12]

生活經歷的反思

　　李嘉誠的畢生學習經歷，可能就是其成功之道中的一個重要因素。[13] 他在媒體的訪問中，表達了他像每個人一樣，都會在生活中犯錯，但他卻很幸運，大多數錯誤都沒有產生嚴重的後果。學習是他最重要的老師，李嘉誠一直在書中尋找靈感；他也喜歡電影，激發了他的想像力，他喜歡透過許多角色體驗生活。他認為人們重視信譽是建立在原則之上的，因此人們應該列出他們的使命和自己永遠不會做的事情。

　　當他在 2006 年獲得《富比士》終身成就獎時，李嘉誠與所有人分享了他在 1980 年成立的慈善基金會，對他來說那就像他的第三個兒子。他希望以身作則支持企業社會責任，大家的共同努力可以建立一個對所有人都公正和公平分享的社會。李嘉誠對新事物、新技術和新嘗試保持好奇、與時俱進的態

度。他從解決問題所帶來的樂趣中得到滿足感。

在 1999 至 2000 年之間，當每個人都將歐洲 3G 的發展視為金礦時，李嘉誠覺得它被誇大了。在頻譜拍賣的整個過程中，他指示和黃團隊要按照現金流量預測，並且在謹慎考慮下才能前進。當時，每個人都認為他太保守了，並向這項任務提出了挑戰。但是回想起來，長和的電信業務現仍保持競爭力，而贏得競標的一些公司卻陷於困境。

儒、釋價值觀與王道

李嘉誠從小在父親灌輸的的儒家價值觀下成長，至日軍佔領廣東汕頭時，被迫在 12 歲離鄉別井。李嘉誠在其小舅父莊靜庵開辦的鐘錶店當學徒時，首先體驗了儒商的美德「王道」（王道一詞可以追溯到西元前 551 至 479 年的孔子時代，其統治者憑藉道德和善良進行統治。王道代表者孟子強調，王道是以正義與仁愛行政，相反即為霸道）。

在香港的眾多富豪中，李嘉誠是少數連年捐出巨額善款支援公益的慷慨慈善家。他在 1980 年成立了「李嘉誠基金會」，至今已捐獻 270 億港元（約 993 億新臺幣），作育 1.2 億學生及守護 1,700 萬名病患，其中 80% 在大中華地區。[14] 他在與已故妻子莊月明結婚後受其影響，成為虔誠的佛教徒。李嘉誠的佛教「樂善好施」品德幫助不幸者，最近的例子是自 2019 年6 月起開始的動亂，對香港的零售業與服務業造成嚴重打擊，香港曾為亞洲最安全城市之一的美譽已不復以往。有見失業率攀升，李嘉誠帶頭捐獻了 10 億港元（約 36.8 億元新臺幣）作

為緊急支援 28,000 間零售商鋪的啟動救濟金。[15, 16]

　　李嘉誠以身作則並支援和黃／長和屬下公司投入社會的慈善公益。韋以安受李嘉誠的啟發，在任屈臣氏期間，開始參與「香港公益金」與校際運動的捐獻活動，及後在每一個有業務的國家與地區都有類似的慈善活動。李嘉誠不但負起自己的義務，扮演好自己的社會角色，讓一部分人的福祉促使社會的和諧穩定，他也鼓勵與支持旗下公司的負責人參與善舉，形成企業社會責任的文化，平衡了利益與倫理的對立，也就是現代華人社會實踐的儒商「王道」的典範。

　　在行事上，李嘉誠在他父親身上體驗到眾多儒家的價值觀，最為明顯的是「選賢與能、知人善任」對他的領導風格產生了終身影響。李嘉誠容許他的經理們儘早從錯誤中吸取教訓，以免日後重蹈覆轍。他的經營態度是：相信負責任的人、充分授權、創造多贏的局面，業務才能永續發展。這個管理理念是全球通行，和黃的眾多不同國籍的高階管理者都對李嘉誠的充分授權態度表示敬仰。他重視擁有專業知識的人才，包括從收購公司繼承來的人才，典型例子包括李察信及其繼任者馬世民。[17]

　　他的另一個儒家價值觀是「飲水思源」。李嘉誠在教育的慈善工作上不遺餘力，他自 1981 年開始捐獻，至 2020 年累積捐款 270 億港元，在他的家鄉建立汕頭大學。這個項目至今已培養了 10 萬名各類本科生、研究生等人才。另一個例子，前滙豐銀行董事長沈弼爵士在 2017 年 90 歲時逝世，李嘉誠基金會在兩所英國大學創立了「沈弼勳爵紀念獎學金」。[18, 19]

　　另一位學者，現任新加坡國立大學東亞研究所所長、前香

港大學副校長（任職於 1986 至 1995 年期間，校長為歷屆香港港督）王賡武教授，在採訪中表達對李嘉誠的個人看法：

> 李也有自己的慈善事業。他絕對是一個善良的人，但他不會簡單地捐贈金錢或現金，但李用自己的方式來管理慈善資金，以便受益人必須有所作為或努力學習……然後獲得慈善事業。他認為，只有勤奮才能取得成功和突破。[20]

4. 從優秀到卓越的轉型

擁有 180 年歷史的公司，很少能倖免於叛亂和革命、經濟和金融危機，以及 20 世紀兩次世界大戰的衝擊。當屈臣氏於 1982 年從一家瀕臨破產的企業體轉變為擁有保健和美容連鎖店的全球性藥妝店時，經歷了猶如乘坐雲霄飛車一樣的歷程。許多全球大型零售業集團在 2020 年的新冠肺炎疫情中面對業務驟降、財務警訊與債務重組的現實情況，預計長和與屈臣氏的謹慎理財策略在黎啟明董事總經理的嚴格執行下，疫情過後將會更上一層樓。

韋以安在擔任屈臣氏集團董事總經理的 25 年內，把屈臣氏在 1982 年的掙扎局面，轉型至 2006 年的優秀保健與美容零售企業的雛型。吉姆・柯林斯（Jim Collins）在 2001 年發表了他的暢銷書《從 A 到 A+》中描述了他的管理理念。[21]韋以安在英國百貨與超市零售業的 25 年中，已實踐了柯林斯的七個策略，並累積了豐富的激勵與管理經驗。他是如何在十萬

八千里外的亞洲與中國大陸應用這些策略扭轉屈臣氏的頹勢、進行脫胎換骨的旅程呢？

　　韋以安的接班人黎啟明，在 2007 年繼承了一支第五級領導團隊，繼續執行從優秀到卓越的歷程，他歡迎離開的高階管理者回巢，例如英國 Savers 的麥克納布。但是，留住最好和最聰穎的管理人才對包括屈臣氏在內的眾多企業來說，已經成為一個經常性的挑戰。在 1990 至 2006 年期間加入屈臣氏管理階層的卓越管理人才，部分人才的事業在屈臣氏成長，也有部分在 2010 年代相繼離開，並已成為各自在中國大陸、歐洲零售、服務業的翹楚，屈臣氏的接班人又是如何培養的？

第五級領導

　　如果僅專注於追求短期季度與年度的財務目標，地區營運主管與零售門市的經理都只是勝任的第三級領導階層。那麼他們應該如何改善自身的管理能力直到進階為第五級領導階層？從入職擔任助理公共關係經理的初級管理者，如何在 20 年內成為獨當一面的亞洲與歐洲首席行政官？每一級的能力是否可以自學成才？（圖表 59）

　　2019 年 10 月 23 日，倪文玲被任命為屈臣氏集團（亞洲及歐洲）行政總裁。[22] 她在屈臣氏的事業發展不是從保健與美容零售門市開始的，她在這個行業的經驗，來自過去 20 年來與時俱進，從第一層能力突出的個人、第二層樂於奉獻的團隊成員、第三層的富有實力的經理、第四層的有效領導者，一直到 2019 年成為第五層卓有成效的管理者。2001 年倪文玲在屈

◉ 圖表 59　領導層的五個層次
資料來源：柯林斯，《從 A 到 A+》。

臣氏擔任公共關係助理職務，因為她能力高、責任心強、積極
與任勞任怨的態度，不久便被韋以安賞識，晉升為公共關係經
理。她隨著屈臣氏歐洲的快速擴張計畫而成長，並透過有效領
導者的能力而成為集團公司公關與傳訊部總經理。2013 年，
倪文玲晉升為屈臣氏的首席營運官。她很快掌握了零售世界的
管理技巧，特別是「DARE」策略的開發，以及執行客戶聯通
策略。她在 2019 年 10 月晉升為首席執行官（亞洲和歐洲），
用她自己的話說：

　　我一直想改變生活，每天都在各方面改善自己，就
像我當運動員時一樣。作為一名運動員，我想在下一
場比賽中做到最好並贏得比賽。一開始，我從來都不

是一個才華橫溢的運動員，與其他運動員的比賽時不
得不加倍努力。實際上，我仍然每天早晨六點醒來做
運動後才上班，我每天都像與對手競爭一樣設定目
標。該規律說明我每天都能找到一些需要改進的地
方。[23]

自 1986 年至 2016 年一直在香港屈臣氏任職的前香港藥劑
師總監、健康及健體產品營運主管劉寶珠（Margaret Lau）表
達了對倪文玲（Malina）的印象：

> Malina 具有創新精神，充滿活力和完美主義者。10
> 年前，屈臣氏的大多數客戶群都是「嬰兒潮」一代。
> Malina 預測屈臣氏的未來將取決於千禧世代與 Z 世
> 代，發展 VIP 會員卡留住現有客戶，並轉向客戶聯通
> 策略，以透過擴大客戶群來吸引這些年輕消費者。[24]

人力資本才是最重要的資產

「找到合適的人選，組建優秀的管理團隊」是任何一家卓
越的企業必須完成的首要目標。勝負的關鍵不是在產品、市
場、技術或競爭，而是在可以互補長短、充滿信心的合適人才
所組成的一級球隊，[25] 韋以安只有在擁有一級球隊的球員情況
下才能成功。[26] 從 1982 年開始，屈臣氏在香港從一個很小的基
地開始便有著突飛猛進的表現，因為它融合了王道的「找到合
適的人選，組建優秀的管理團隊」的原則與西方「充分授權」

的管理哲學。他在一開始的 2、3 年，招聘了一批第四層與第三層世界級的零售業高階管理者來建立區域內的藥妝業務，給予充分的跨國在職培訓，並負責營運、業務發展、專案管理、地區管理等逐漸增加責任的職位，目的是建立屈臣氏新文化下，有效團隊七個特徵（圖表 60）。

⊙ 圖表 60　屈臣氏新文化下有效團隊的七個特徵
資料來源：柯林斯，《從 A 到 A+》。

韋以安的高效領導培訓與發展採取的是 70：20：10 的模式，其中 70% 來自具有挑戰性的在職學習，包括特定目標的專案管理；20% 來自年度跨部門合作專案學習處理人際關係；課程培訓則只佔 10%。[27] 他尤其是對於高階管理者輪調不同國

家與地區不遺餘力，務使他們提升對本地文化的感受，和預測當地消費者趨勢和變化的能力。

　　一個典型的例子，是任職屈臣氏 22 年，並在這漫長歲月中累積寶貴的經驗與培訓管理者的希利。原籍英國的他曾在 1980 年初於香港曼哈頓俱樂部任職經理，後來在 1984 年前往迦納比海群島的牙買加超市工作了 2 年後回到香港。最初，希利被韋以安聘為香港百佳超市零售營運經理。1989 年 6 月天安門廣場事件之後，由於消費者信心減弱，香港的零售業務下降了 30%。他被分配到一個「業務振興專案」團隊工作，以開源節流的方法簡化屈臣氏個人用品店的零售業務流程，目標是減少 30% 營運費用。該專案結束後，希利出任台灣市場的營運總監。之後，他被派往東南亞，2000 年調任北歐作為開拓波羅的海的先鋒，及後在 2004 年調往菲律賓出任董事總經理，翌年晉升為東南亞董事總經理至 2008 年退休。

　　另一個例子，是在 2004 年被韋以安從英國招聘至泰國出任屈臣氏總經理一職的安濤（Toby Anderson）。在他加入屈臣氏之前任職英國 Sainsbury 超市負責集團電子商務。2008 年，他兼任亞洲區與東歐的市場總監。2012 年 4 月，安濤調往出任屈臣氏台灣董事總經理總經理；2016 年初，升為屈臣氏亞洲首席行政官，到了年底兼任東歐市場業務，一直到 2018 年 7 月離任。[28]

　　人力資本才是最重要的資產，這些重磅級高階管理者的離任，無疑會對培養中層管理人員造成短期的影響，但也提供了「注入新血」的機會！

殘酷的事實

「接受現實並具有韌性，可以繼續通往偉大的旅程，並維持紀律來面對最殘酷的事實」，是第五級管理者們無可避免的經常性挑戰。自 1980 年代開始，亞洲或歐洲的零售市場經歷頻繁的意外（例如恐攻）和挑戰，每次對零售市場產生了重大的負面影響。韋以安在任的 25 年內，他有四次透過迅速採取措施降低營運成本，讓屈臣氏可以更「健康」地持續發展，並在危機過後重新出發，包括 1983 年的黑色星期六、1989 年的天安門事件、1997 年的亞洲金融風暴與 2003 年 SARS 冠狀病毒疫情。

屈臣氏在 2005 年收購法國蔓麗安奈香水、彩妝與美容業務時，瞭解到其潛在的財務問題，但這是一個收購高檔歐洲零售香水、美妝業務的罕見機會。蔓麗安奈在法國各地擁有數以百計的零售美妝門市，但財務狀況欠佳，可能面臨破產。在反覆辯論與衡量機會與風險後，最後得到和黃董事會支持，屈臣氏管理階層準備用數年時間解決這些遺留的營運問題。當黎啟明在 2006 年接替韋以安擔任署理屈臣氏集團董事總經理時，其中一個當下要務就是要優化現有的業務、建立內部監管制度與標準化營運流程、培養接班人、解決遺留的財務問題等。

黎啟明和蔓麗安奈的領導階層正視殘酷的事實，制定計畫逐步解決多年來累積的問題，並付出了艱辛的努力。同時，屈臣氏也渡過了 2009 年次貸危機的風暴與後續的歐債危機。到了 2013 年，蔓麗安奈已調整為精簡和緊焦的組織結構，業務已上軌道，並且得以持續性發展。蔓麗安奈的帳目在 2003 年

轉至和黃財務、投資部門。從此，屈臣氏的業務損益表能夠反映其真實業績。

　　「刺蝟概念」是指企業長期持續地推行一系列良好的決策，從優秀至卓越的轉變。這些決策在過去 38 年間始終如一地貫徹、執行與不斷積累經驗而改進（圖表 61）。1982 年，屈臣氏當務之急是扭轉虧損的零售業務，將其置於最穩定的軌道上。到了 1984 年底，當中、英兩國政府友好地解決了香港的未來問題時，屈臣氏可以再次站穩腳跟、重新起步，快速發展。韋以安和他的團隊忙於規劃並透過進入新興的工業化國家（亞洲中產階級不斷壯大）成為區域性的零售與製造企業，並在 1997 年成為市場領導者。

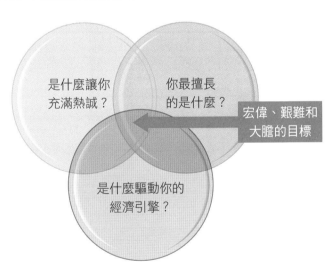

◎ 圖表 61　屈臣氏的刺蝟概念和宏偉、艱難和大膽的目標
資料來源：《從 A 到 A+》。

　　1997 年 7 月 2 日，香港回歸的翌日，在泰國引發的金融危機促使屈臣氏進一步分散風險，大膽地跨出亞洲；在 2000 年進軍英國，然後在 2002 年踏足歐洲大陸。這個改變正是柯林斯倡議的「宏偉、艱難和大膽的目標」（big, hairy, audacious goals，或稱 BHAG）。韋以安個人的目標，是在 2006 年時營業額達到 1,000 億港元，成為全球健康和美容零售王國（圖表 62）。截至 2006 年底，屈臣氏的營業額和 EBIT 分別為 991.49 億港元和 27.2 億港元。韋以安完成 99% 對自己的承諾。

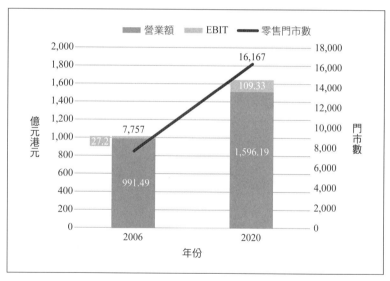

◉ 圖表 62　屈臣氏 2006 和 2020 年的表現
　資料來源：香港公司註冊署和黃與長和年報。

　　2007 至 2020 年期間，純粹是內部成長以及組織和核心能力的增強，在這 18 年期間，營業額成長了 1.6 倍，EBIT 成長

了 4 倍，門市成長了 2 倍達 16,167 家。

遵守規律的文化

　　許多成功的公司在攀登上一級台階之前就建立了紀律文化，而從未失去動力或地位。這是由於大量管理人員嚴格遵循公司準則，沒有透過偷吃步或非法的勾當來獲得快速和不可持續的結果，因而承擔不必要的風險。當屈臣氏在 2001 年為台灣市場的成長做規劃時，曾在香港區擔任屈臣氏個人用品零售營運總監的戴保頓（David Boyton），被調任台灣區採購與銷售部主管，以開發自有品牌的商品組合，與總公司準則保持一致，並在採購策略中培養紀律文化。[29]

　　戴保頓為台灣分公司引進了屈臣氏的企業目標、關鍵績效指標與標準操作流程，這些業務守則的執行，務使符合當地消費者口味和喜好的商品，能達到屈臣氏一貫的品質標準，同時，此類屈臣氏自有品牌產品的利潤率也與在其他國家時雷同。

　　在 2000 至 2005 年期間，屈臣氏進入歐洲市場時，當地收購的連鎖藥妝業務的採購與公司品牌策略成為一個重要的課題，若屈臣氏或其品牌的產品規格與品質能夠保持一致而採購量翻倍，貨品成本將會下降並轉換成利潤。當時，負責東北歐波羅的海業務拓展的希利兼任了企業中央採購總監的職位，協調屈臣氏總部與新加入的英國與荷比盧區的本地品牌採購策略。這個相互瞭解與溝通的過程，有助移除在合併過程中因為文化與習慣的誤解。

技術加速器

屈臣氏在藥妝或美妝行業內，並不是第一家採用數位技術的先行者。但是，一旦決定採用新技術時，便在產品設計上反映其精心監控的性價比，自然地就能贏得了市場領導者的聲譽。儘管屈臣氏品牌的驅蟲藥，是在美國輝瑞藥廠於 1850 年代首次推出驅蟲藥糖果之後的 30 年才上市，但迅速地成為亞洲地區內的市場領導者。屈臣氏憑著其設計精美的彩色寶塔形驅蟲藥糖果，在中國大陸和東南亞的華人社區中保持了近一世紀的市場領導者地位。無論是屈臣氏品牌的汽水還是鴉片戒煙藥，這些針對亞洲消費者與藥癮者的優化產品不斷湧現。儘管屈臣氏的汽水在 19 世紀後期才在香港首次上市，晚於史威士（Schweppes）品牌，但在過去 150 年來，屈臣氏汽水一直是大多數亞洲市場上相當暢銷的飲料之一。

自亞馬遜於 2010 年在美國與玩具反斗城（Toys "R" Us）建立營銷夥伴關係後，零售業發生了變化。作為電子商務後起之秀，中國大陸現已成為世界上最大的網路購物市場。在新冠肺炎的刺激下，2020 年，中國的電子商務業務估計佔零售交易的 44.8%，其中阿里巴巴集團的天貓平台為 50%、京東為 15% 至 20%。[30] 現在，中國大陸的消費者透過智慧型手機進行線上購物，購買包括保健與美容用品的商品已成為新常態。在短短的 5 年內，屈臣氏的門市增加了 1,000 間，但每家店的年營業額卻逐年下降，自 2016 年開始，電商已經威脅到屈臣氏的商業模式。[31] 屈臣氏的數位客戶聯通策略在 2018 年開始發揮作用，屈臣氏的會員制度已把流失的消費者吸引回來。

　　同時，屈臣氏亦已將其重點轉移到提供門市內的現場產品體驗，專業顧問提供的現場建議，並不容易在電子商務平台上複製；零售商店在虛擬化妝機、自動結帳等創新服務方式的開拓，也使屈臣氏拉開與競爭對手的距離。[32] 麥肯錫顧問公司在 2020 年 7 月 30 日的線上報導中，指出新冠肺炎的全球大流行正在改變消費者行為，跨越生活的種種方面，摘錄如下：[33]

- 購物和消費：電子商務激增，偏好可信賴的品牌，可支配支出下降、交易減少、更大的購物籃、減少購物頻率、轉移到離家更近的商店、可持續發展的兩極分化等。
- 健康與幸福感：注重健康和衛生，促進有機、天然、新鮮、客製化健身，電子藥房和電子醫生規模化。

　　現時，新冠疫情促使先進國家的電商業務發展速度大幅飛躍：

- 在線交付：成長從 10 年縮短至 8 週。
- 遠程醫療：從 10 年縮短至 15 天。
- 遠程工作：3 個月的視訊會議人數增加了 20 倍。
- 遠端學習：中國大陸 2 週內已有 2.5 億名學生。
- 遠程娛樂：Disney+ 的觀眾數量在 2 個月內超越過去 7 年。

5. 市場領導者的紀律

　　屈臣氏曾經一度在電商領域被線上平台超越，現已回復陣地。新的客戶聯通策略找到一個得以平衡親近客戶、營運卓越和產品領先三項核心能力的模式。特雷西（Treacy）和維塞瑪（Wiersema）在 1995 年制定和執行餐飲業三大競爭戰略，以闡

明他們的市場領導力理論（圖 63）。[34]

⊙ 圖表 63 三種競爭策略

資料來源：*The Discipline of Market Leaders*。

- 親近客戶：公司專注於便利性、客戶關係和整體解決方案，例如必勝客。
- 營運卓越：公司專注於低價、簡化流程和低營運成本以獲利，例如麥當勞。
- 產品領先：公司專注於專業、高品質的產品／服務，例如米其林星級餐廳。

6. 總結

2018 年 3 月 16 日，長和正式宣佈李嘉誠在同年 5 月 10 日的股東股東周年大會後退休，他的長子李澤鉅接任為長和

董事會主席。李嘉誠從 12 歲開始，工作了 78 年後，90 歲時仍然精神飽滿、思路清晰。他的營商哲學與儒商王道重視的價值，表現在唯才善用、飲水思源及樂善好施等面向上。同時，他也有三項與眾不同的經營手法：

- 多元化投資（但聚焦於數個核心行業，例如房地產、能源、碼頭、零售、通訊與金融等）、分散風險。
- 全球化分散風險（避免亞洲地緣政治的突發性金融、經濟危機再度發生）。
- 創新、高科技的開發與應用，包括開拓英國、義大利的通訊市場，例如 Rabbit、Orange、3 品牌的孕育、未來肉品（Impossible Food）等。

　　他選用的高階管理者例如和黃、長和董事總經理馬世民、霍建寧、屈臣氏的韋以安、黎啟明等都服務超過 10 年以上。李嘉誠的財技在跨國收購美國 Priceline 一役中，讓許多華爾街、香港的投資銀行界與和黃內部的高階管理者都跌破眼鏡。他在經營塑膠花代工廠時，對現金流的槓桿運用在短短的數年間讓他賺取第一桶金，現金流已經成為李氏家族財富可持續發展的基石。李澤鉅在 2020 年 8 月 16 日長和 2020 年中期業績的主席報告內提及：

　　　　集團之流動資金與銀行及債務資本市場融資量仍然保持穩健。與 2019 年上半年相比，2020 年之自由現金流較高，以致集團之債務淨額對總資本淨額比率改善 1.1% 至 25.1%，而利息及融資成本亦大幅下降。自由現金流改善，源於削減或延遲開支、嚴謹之營運

資金管理、利息及融資成本降低，以及現金稅項成本
減少。[35]

第 12 章

跨世紀的市場、品牌策略
與「4+2」公式

1. 簡介

1842 年，中英兩國簽定《南京條約》，五個沿海城市廣州、廈門、福州、寧波和上海被闢為通商口岸，香港大藥房陸續成立分店，建立商譽。1862 年，小屈臣氏開始用他自己的名字為商標，建立起香港大藥房為可靠的零售與批發西藥品牌的名聲，屈臣氏的品牌從此在華生根。其後，堪富利士在 1876 年成製造與批發的屈臣氏汽水、1890 年推出的甘積花塔餅及鴉片戒煙藥等分銷中國大陸、台灣、東南亞等地，進一步提高屈臣氏的品牌知名度。

雖然在 1910 年後，屈臣氏大藥房除了廣州繼續自營外，陸續退出了菲律賓與中國大陸市場。因為其汽水、花塔餅及鴉片戒煙藥繼續銷售，屈臣氏品牌在中國大陸主要城市的知名度仍然維持不變，直至 1950 年完全撤離為止。其後，屈臣氏在 1984 年重返中國大陸，於深圳蛇口成立了百佳超市，以及 1989 年在北京及廣州的屈臣氏個人護理店開業，屈臣氏的品

牌迅速在中國大陸重新受到消費者追捧。

韋以安和他的領導團隊成員在 1980 年代陸續加入和黃的零售和製造部門，制定並實施上一章已描述的許多策略，並與管理方法搭配，成為屈臣氏戰略的基石。哈佛商學院教授尼丁・諾里亞（Nitin Nohria）等人共同研究了 160 家成功的公司後所宣導的通用管理實務，彙整於其 1992 年出版的《4+2 公式》一書中，而屈臣氏的策略與諾里亞在書中的見解大同小異。

2. 屈臣氏市場、品牌策略的孕育

為了有效地拓展屈臣氏在中國大陸的市場，小堪富利士在 1890 年回港後，拜訪了各地屈臣氏與聯營零售藥房，瞭解消費者與藥房經營者的需求，對 20 世紀上半葉屈臣氏在行銷的推廣活動產生了深遠的影響。當年，小堪富利士成功地遊說他父親與屈臣氏股東增資，次輪募資籌集了 20 萬港元（按 2018 年的價格估算為 2,100 萬港元）。[1] 堪富利士父子在市場策劃上的創新客戶與客戶維繫戰略，可以用 20 世紀後期推崇的 4P 理論和消費者為導向的 4C 元素來解釋（表 10）。[2,3]

小堪富利士是屈臣氏品牌的締造者，他在 1862 年正式以屈臣氏商號經營大藥房的業務。在香港、廣州或上海，兩個品牌名稱（一個屈臣氏公司與一個本地名稱，例如香港大藥房、廣東大藥房等）同時出現在零售藥房的廣告與招牌上（圖 24）。19 世紀末，屈臣氏的眾產品包括汽水、甘積花塔餅、鴉

⊙ 表 10　屈臣氏在 1880、1890 年代實施的營銷策略

4P	4C	業務領域					
		製造業			藥品與進口		
		汽水	家庭藥	戒煙藥	洋酒	西藥、魚肝油	日用品
		果汁汽水	疳積花塔餅	鴉片煙治療丸	各類	七海	肥皂香水
產品（Product）	消費者需求（Consumer Wants）	時尚、摩登	有效	有效、持久	時尚、摩登	營養、滋補	衛生、時尚
價格（Price）	成本（Cost）	可負擔			名貴		
通路（Place）	方便性（Convenience）	藥房、酒吧、餐廳、飯店、攤販	藥房、藥店	藥房、藥店	藥房、酒吧、餐廳、飯店	藥房、藥店	藥房、百貨公司
宣傳（Promotion）	資訊傳達（Communication）	報刊、口碑					

片戒煙藥等在小堪富利的專業監督下生產質量穩定，採用屈臣氏品牌行銷東南亞及中國大陸等。第二次世界大戰結束後 2 週，1945 年 9 月 1 日，屈臣氏的零售藥房與製造部門重新開業，原來的屈臣氏明星產品再次上市。20 世紀市場學大師，菲力浦‧科特勒（Philip Kotler）進一步闡明品牌的身份可以提供四個層次的含義：特色、效益、價值與個性。[4] 香港中文大學商學院市場學教授陳志輝博士，在他研究成功品牌的形成時，介紹了他自 1992 年建立的「左右圈思維」經典理論（圖表 64）：

⊙ 圖 24　廣州沙面的屈臣氏公司與廣東大藥房
門牌，約 1923 年
來源：鳴謝上海民國醫藥文獻博物館。

左圈是受眾的需要，右圈代表公司或產品的優勢，
兩圈重疊之處，就是產品能滿足客戶的程度。產品品
牌建立時，要考慮和針對目標消費者的需要，從而檢
視產品有哪些特色可滿足他們，建立適當定位。[5]

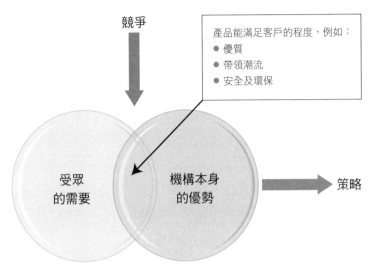

◉ 圖表 64　「左右圈思維」品牌理論的應用

資料來源：鳴謝陳志輝博士。

在屈臣氏的官方網站上對自家品牌系列的描述，正吻合科特勒與陳志輝兩位教授們宣導的品牌身份與價值理論：[6]

- 優質（更多元化、物有所值的產品務求讓顧客感到稱心滿意）。
- 帶領潮流（考慮偏好和潮流時尚的變化）。
- 安全及環保（設定了嚴格的監控品質標準，從產品包裝到成分，永續性是我們的核心）。

3. 四項主要管理實踐

在同行業中的領先企業，其所執行四項主要管理實踐（策

略、執行、文化和結構）都會比其他競爭對手表現出色。除此之外，行業領先者也透過掌握另外四項備選中的其中兩項管理實務（人才、創新、領導力，以及收購、合併與合資），來維持自己在這些領域的卓越技能。從優秀至卓越的興業戰略與「4+2 公式」在一些商業管理中有重疊之處，但重要的是，如何在企業發展的不同時期靈活實施這些戰略，這也是韋以安與黎啟明在打造屈臣氏全球化過程中所側重之處有所不同。

這四項主要管理實踐，是每一個企業要發揮潛力所必須具備的條件。由企業的行業、規模、傳承、人力與融資等指標檢視其是否健康，若短期缺少一或兩項，雖不理想，但對企業的長期發展不會造成嚴重致命的打擊（假設企業可以及時透過公共關係部門對外積極發佈正面資訊）。

策略

屈臣氏全球化的策略可以分兩個階段：地域擴張，以及系統、流程與人力資源的優化。在地域擴張的過程中，屈臣氏在1982 至 2006 期間的擴張，是一個史無前例的企業挑戰。1987年後，屈臣氏為服務亞洲地區日益壯大的中產階級，採用以年齡、性別、人均 GDP 及地理分布來分類的市場策略，在新加坡、台灣、東南亞以及中國大陸實施，以便可以開發包括自有品牌在內的高利潤產品組合，以建立一個高級品牌為主的品牌及市場策略。從 2000 與 2006 年，屈臣氏積極大舉收購英國與歐洲的保健與美容品牌，隨著消費者的趨勢、年齡層、科技的改變，曾經一度行之有效的策略也需要與時俱進（圖表 65）。

| 1982-1988 年
商業模式的
制定與實踐 | 1989-1998 年
中國大陸與
東南亞的擴張 | 1999-2001 年
英國市場的
熱身 | 2000-2006 年
大舉收購歐
洲藥妝、美
妝企業 | 2006 年
屈臣氏全球化
營業額目標
1,000 億港元 |

◉ 圖表 65　正確的階段性政策方向

執行

　　縱然制定的策略可行，但執行力也是同等重要。如果執行過早，人力、物流、財力等資源都沒準備好，競爭對手會被打草驚蛇、提早防範，突發的成功機會便事倍功半。如果執行過遲，競爭對手則已準備好應戰，成功機會也是減半。團隊的步伐一致至為重要，否則，前線員工得到不同資訊，有些人會猶豫、裹足不前，最後的結果就不理想。因此，任何項目都必須要有一名專案負責人、一個清晰的目標與一張甘特圖（Gantt Chart）（表 11）。專案負責人為關鍵人物，需要全神關注專案的所有細節、即時解決任何出現的小問題與查找不足，從根源上防止重蹈覆轍。

⊙ 表 11　2002 年，收購荷蘭 Kruidvat 甘特圖

專案/分組	里程碑					時期						負責人*
	進行中	注意	警告	計畫中		2001年 第4季	2002年 第1季	第2季	第3季	第4季	2003年 第1季	
董事會決定	彙報上司與分析可行性					▒						AB
	向董事會彙報，聆聽建議						低於 10 倍 EBIT					AB
	與賣家溝通售價意向						期待賣家內部協商					AB
盡職調查	若同意，盡職調查						市場、財務、法規、物流產品與服務					AB/CD
	向董事會公司報告調查結果	支持						專案繼續				AB
		不支持						項目終止				AB
項目談判	賣家同意部分收購條件							專案如期進行				AB
	賣家不同意部分請示董事會							專案如期進行				AB
	向賣家提出最終收購條件								專案如期進行			AB
過渡期	共同宣布收購並申請歐盟批准								專案如期進行		專案如期進行	AB/CD
	過渡期開始											AB/CD

* AB 為屈臣氏的負責人，CD 為 Kruidvat 的負責人。

資料來源：作者模擬。

文化

2005 年，屈臣氏收購了當時法國與歐洲領先的蔓麗安奈

香水和化妝品連鎖店集團。法國的企業文化有其獨特之處[7]，其中一個典型例子是瑞士雀巢食品在 1992 年購入法國「沛綠雅」（Perrier）的業務，一直到 2004 年沛綠雅重整後仍然虧損。[8]問題在於工人的生產率：每名沛綠雅工人的年產量僅為 60 萬瓶；而雀巢另外兩個法國礦泉水品牌「礦翠」（Contrex）和 Vittel 的工人的年產量為 110 萬瓶。[9]原因是法國總工會在沛綠雅的分會代表與資方採取的是對抗的角色，而非以尋找解決方案、雙贏為目標。

組織結構

自韋以安在 1982 年上任後，他已設計了一個扁平的企業組織結構，務使每一個市場或地區的負責人能和第一線門市經理直接溝通，迅速解決問題而無需經歷公司的官僚作風。屈臣氏典型的門市組織結構只有 2 至 3 層，其結果顯而易見。這個安排是把客戶的感受放在第一位，任何客戶的不滿可以馬上處理與控制，而不會丟掉客戶。這個結構策略無論是在亞洲、歐洲還是英國的市場中，都被證明是成功關鍵因素之一。在過去的 30 年中，屈臣氏進行了三次重大的組織重組，目的是維持一個精簡、能夠快速應變的組織結構，以聚焦於核心業務。

第一次的組織重組，是為了確保屈臣氏的管理團隊聚焦於零售與製造領域，李察信在 1982 年 9 月宣佈將西藥進口和批發部門——屈臣氏西藥有限公司，移交給了和黃旗下的和記貿易部門。

第二次的組織重組是在 1989 年末，緣於香港經濟因北京

天門廣場事件陷入困境，因此需要精簡組織來提高營運效率和維持利潤。當年 7 月，韋以安成立了一個「業務振興」的專注小組研究提升效率。

3 個月後，這個小組建議簡化各部門的流程與縮減一層資深經理，並在 1990 年年初實施。這個嶄新的結構一直沿用至 2002 年。就算是在亞洲金融風暴期間，除了個別門市結束營業外，在受影響的店鋪才會遣散員工。

第三次是在 2003 年，將歐洲新收購的保健與美容零售業務整合於一個業務振興組織結構，並且開展中央採購關鍵自有品牌。和黃人力資源部門總監潘陳惠冰（Dora Poon）於年初被調任到屈臣氏負責籌劃 Kruidvat 與屈臣氏的合併與過渡，並協助設計屈臣氏集團公司的組織發展和繼任人計畫（圖表 66）。之前，潘陳惠冰在和黃總部負責人力資源的策略。

4. 四項備選實踐

諾裡亞等人的研究證明，長青企業並不需要在每一項管理實踐上都達到滿分。行業領先者透過掌握另外四項備選中的任何兩項管理實踐（人才、創新、領導力以及收購、合併與合資），來維持自己在這些領域的卓越技能。

當然，在企業的不同時期，側重點可能也不一樣。譬如領導力，不同的性格、處事方式與個人背景都會影響他們的領導風格。韋以安的背景是百貨、超市業，面對客戶、洞察消費者的心態與購物習慣為他的強項，快速回應客戶的訴求、讓他們早日回來購物。黎啟明的背景是銀行、財務，對重複性收入與

支出有深入的瞭解，善於防範事發突然的危機、未雨綢繆。

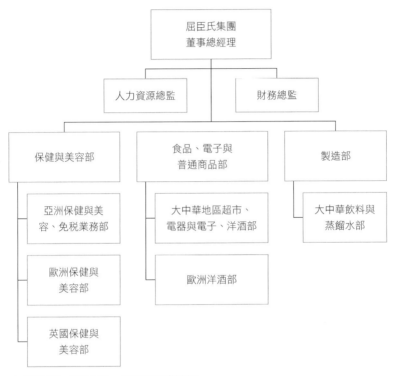

⊙ 圖表 66　2003 年，屈臣氏組織結構
資料來源：前屈臣氏管理階層。

人才

　　長和與屈臣氏在邁向卓越的過程中，積極培養與儲備未來的最高領導人才。可幸的是，現任領導階層的黎啟明及倪文玲的事業都是在過去 20 年於和黃或屈臣氏成長。據聞現任長和

執行董事兼屈臣氏集團董事總經理黎啟明，之前曾在美資花旗（CITI）銀行服務，曾是現任長和與「長江基建集團有限公司」（簡稱「長建」）董事會主席李澤鉅夫人王儷橋的同事。[10]他曾於 1994 至 1997 年期間擔任屈臣氏的首席財務官。黎啟明擔任和黃的物業與飯店部門任主管職位，直到 2007 年 1 月接任為屈臣氏集團署理董事總經理。[11]

黎啟明接任時，他面對的挑戰是科技日新月異，世界政治、經濟動盪，恐怖主義、社會事件層出不窮，他的第一線與管理階層員工除了嬰兒潮世代以外，還包括 X、Y、Z 等幾代人，同時也提供服務給他們。2013 年 1 月，香港屈臣氏為旗下的百佳超級市場、屈臣氏、豐澤及屈臣氏酒窖的員工提供全面專業的培訓。2016 年與香港理工大學企業發展院開辦為期 18 個月的「零售管理專業文憑（資歷選項第五級）」課程。2018 年 3 月「屈臣氏集團零售學院」成立，管理所有人才發展專案。在過去 8 年，屈臣氏的組織結構變得更有活力、員工們更為激勵、積極進取，職位輪調成為管理階層期待的機會，流動率比同業更低。這讓組織結構更趨靈活，是一項高報酬率的專案。類似的課程也在歐洲複製，目的是打造一個以「思維全球化、行動本地化」的管理團隊。在任何機構，尤其是零售或服務業，人力資本才是最重要的資產。

創新

吸引客戶嘗試新產品或新的體驗，一直是領導者及其追隨者之間的差別之處。自 1862 年屈臣氏成為香港大藥房經營者

以來的創新或引進項目，在市場上不但得到好評，同時也提升
了屈臣氏的品牌認同和產生可觀的利潤。

- 例子一，雖然，屈臣氏並不是汽水、花塔餅和戒煙藥的發
  明者或原創者，但在引進新技術或商業模式來到亞洲時，
  利用對市場趨勢的瞭解，制定與執行相關的品牌策略卻非
  常成功和到位。
- 例子二，和黃 2003 年 3 月在英國上市的 3G 手機，最終在
  2006 年於屈臣氏旗下位於貝辛斯托克市（Basingstoke）
  的 Superdrug 銷售，彌補原來消失的傳統攝影業務。[12]
- 例子三，2013 於英國 Superdrug 推出線上醫生諮詢與
  2019 年家庭測試遺傳病的 DNA 藥盒，2020 年新冠肺炎出
  現後，遠距診斷與治療馬上開展。
- 例子四，2018 年 5 月中，在香港中環開設全新購物概念
  店 CKC18，締造時尚生活體驗與一站式環球美食專區、
  美妝及健康區、電玩潮流區、美酒區等，為顧客帶來嶄新
  的購物體驗。2 年後的 2020 年 1 月，在香港開設「玩美
  概念店」，店內設有多個顧客體驗區，包括知名開架彩妝
  品牌、多元科技及智慧設備，引領數位零售新潮流。
- 例子五，2018 年 6 月與日本資生堂在泰國推出 d program
  品牌，受到當地消費者歡迎。屈臣氏成為資生堂護膚產品
  系列個別地區的獨家銷售管道。

領導力

領導力是領導者作為其員工的榜樣。屈臣氏現在許多市場

的零售保健和美容業務，都是排名第一或第二的領導品牌，其
中一點是其管理階層擁有豐富的營運經驗和客戶洞察力，可以
激發、激勵或授權員工來實現企業願景。

韋以安是一位可以與前線人員走在一起的領導人，他具有
人事管理的才能，可以激發高階管理者的潛力，以達到公司宏
偉、艱難和大膽的目標。同時，韋以安對第一線收銀員、採購
員、倉庫助理、保全、門市經理和客戶的態度都一視同仁。他
會用一種清晰的語言向所有人表達同樣的資訊，不用花言巧語
來「忽悠」別人。他在接受屈臣氏定期刊物《WatsOn》的採訪
時，對有關「我們的核心價值觀：激情、過程和時尚」的問題
之一：「您的領導風格是如何帶領來自不同國籍的 90,000 名員
工？」，所做的回答如下：

> 領導風格？您得問別人。但是，我嘗試從前面而不
> 是在背後進行領導，即使在目前的規模下擁有 30 多
> 個不同國籍的管理人員，我儘量在業務上從個人化為
> 出發點。作為一家華資公司，我們不會以特殊的方式
> 營運，這不是我們的風格。我們是一家中國家族企業
> 採納西方企業經營的模式，是兩種文化的融合。[13]

劉寶珠回憶她在香港屈臣氏的歲月以及當時最高領導層的
策略部署：

> 我於 1999 年晉升為負責 50 間藥房的藥劑師總監，
> 並有機會觀察了最高管理階層的領導風格。韋以安專

注於擴大屈臣氏的地域和覆蓋範圍，並實現了屈臣氏
成長的飛躍；黎啟明接任後，他還熱衷於解決第一線
員工經常遇到的問題。[14]

　　黎啟明是一位鍾情於標準操作規範的穩健型業務領導者，
以確保全球服務的一致性。他與韋以安的共通點是建立和促進
公司各個層面的關係，及早分享壞消息，著眼於大局並為他們
的決定負責。他們與員工們打成一片，而不是孤獨地追求個
人銷售目標。人事管理和賦權給 Y 和 Z 世代已成為艱鉅的挑
戰，因為他們的家庭價值觀和工作操守與嬰兒潮時期出生的父
母大不相同。尤其是在中國 1980 年代初實施一胎化政策時出
生的 Y 時代更是如此，這一點從 2000 年代開始就顯而易見。

收購、合併與合資

　　屈臣氏收購同行零售企業可以追溯至 1880 至 1890 年期
間，在上海的大英藥房及其在北京與天津的分店，以及在香港
的維多利亞大藥房。20 世紀前後，屈臣氏在中國大陸的迅速
擴張，主要是與當地藥品經銷商的合資門市項目。1916 年，
為了確保屈臣氏在第一次世界大戰高峰期，因為貿易禁運嚴重
影響現金流時，能繼續在香港生存，屈臣氏將上海的零售業務
轉讓予給當地的管理者曼尼（Dennis Mennie），此為一項痛苦
但必須的舉動。1983 年的「黑色星期六」，促使和黃董事會認
真面對風險控制的問題；1989 年的天安門事件，加快了屈臣
氏南下的步伐；1997 年的亞洲金融風暴促使和黃決定成為全

球企業的決心。

韋以安無疑在屈臣氏全球化的歷程中扮演了一個先驅者的角色，並留下了一個傳奇。他先後參與 2000 至 2005 年英國與歐洲的四個大型收購專案，包括英國的 Savers、荷蘭的 Kruidvat、德國的 DRG 及法國的蔓麗安奈，從此奠定了它在全球藥妝業的地位。在菲律賓、泰國、韓國與印尼，屈臣氏合資經營的夥伴是當地零售業或百貨業富有經驗的企業家族，這是個雙贏的策略，因為屈臣氏可以將其專業知識帶給企業夥伴，而當地夥伴可以解決許多繁瑣的法律、稅務問題，使這些夥伴企業可以早日營業與縮短收支平衡期。

零售業是一個以人為本的行業，它的成功有賴領導階層如何激發第一線人員面對客戶的積極性。在新冠肺炎疫情下，電商將會與門市平起平坐，屈臣氏在過去數年的準備，應該將比同業更快復甦！

5. 總結

屈臣氏的領導階層從 1862 年小屈臣氏開始，便對品牌策略特別關注。韋以安對收購後的品牌也特別關注，維持原來的品牌，不讓其受到任何影響。黎啟明已在俄羅斯、土耳其及波羅的海分別收購回來的連鎖藥妝正名為屈臣氏。韋以安與黎啟明兩位屈臣氏集團總經理在執行「4+2」公式的管理實踐中有明顯的共同點，主要是在戰略、執行、文化與組織結構領域四項主要管理實務之上。他們在四項輔助管理實踐中的其中兩項各領風騷：

　　韋以安的收購、合併與合資的成績有目共睹。另外，韋以安在人才方面招攬了富有零售行業的英籍高階管理者，在前 17 年先開拓亞洲市場，接續的 8 年在歐洲收購保健與美容零售業務，以及培養多位中階管理者晉陞地區總經理職位。他不但積極聚焦於擴張藥妝業務，同時讓香港與中國大陸的雪山雪糕和英國 Powpow 飲用水等業務待價而沽，一時間成為美談。韋以安的主動、外向型與運動家精神，以及永不言敗的魄力，在亞洲與歐洲的藥妝業界，得到許多投資銀行家與企業家的欣賞。

　　黎啟明在 2017 至 2020 年間，持續深化現有市場的業務，退出與韓國 GS 的合資藥妝專案。他也嘗試進入印度，但因市場環境原因而不得要領。他的眾多創新客戶聯通策略包括在 2017 年，他與時任美國 Nature's Bounty 全資擁有英國 H&B 的董事總經理彼得・阿爾迪斯（Peter Aldis），達成 H&B 在屈臣氏「店中店」的協定，也一時成為美談。黎啟明的策略運籌、財務專業與共享的作風，則深得長和與專業管理者的認同。

第 13 章

零售市場前景：消費者趨勢、電子商務、跨世代策略

1. 簡介

　　Y 世代和 Z 世代已成為新技術的快速採用者，屈臣氏的營業額在 2020 年估計有 70% 以上來自於此。[1] 從 2007 到 2014 年，屈臣氏在中國大陸的年度平均 EBITDA 為 15% 至 20%，是所有亞洲和歐洲地區中最高的。儘管屈臣氏在 2012 年開始了數位轉型，許多位於中國大陸的零售商包括屈臣氏在內，於 2015 年都受到海外代購與網路平台的威脅而衝擊營收。[2,3] 自 2016 年開始，屈臣氏在營運上以大數據與電子商務為重點，並加大投資力道，使其成為客戶聯通戰略的領導者。[4] 屈臣氏實踐的「DARE」消費者體驗策略，是一項線上與線下無縫連接的體驗，反映在長和 2018 年度的業績報告，初步結果是充滿希望的（詳見第 5 節）。

　　然而，屈臣氏 2019 年的業績憂喜參半，喜的是自 2012 年實踐的數位化策略已趨成熟，開始有可觀的營業額增幅與利潤；憂的是中國大陸市場的投資回收期延長、香港消費者信心

低迷以及歐洲市場表現不佳。2020 年則因新冠肺炎疫情的反覆，居家工作者在網路購物逐漸形成習慣，在全球有進一步上升的趨勢。

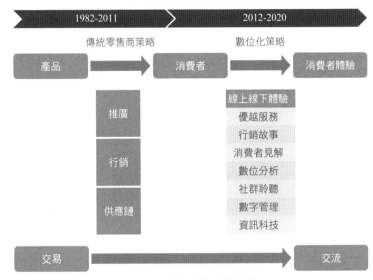

◉ 圖表 67 1982-2020 年，屈臣氏客戶策略的演變

2. 全球中產階級的崛起

因預見亞洲市場中產階級崛起，韋以安在香港、台灣、新加坡、泰國等市場的屈臣氏拓展計畫得以落實。當屈臣氏在 1990 年代往東南亞投資時，該地區的經濟成長讓屈臣氏的營業額持續遞增，成為除日本和韓國以外亞洲地區的藥妝領導者。2018 年 9 月為全球經濟史的一個轉捩點，全球中產階級的人口剛剛超過 38 億，佔 76 億總人口的 50%。[5] 2019 年底，

屈臣氏在全球的 15,000 家門市遍佈 24 個國家和地區的 4,500
個城市，直接與潛在的 24 億消費者或全球 32% 的人口接觸。[6]
　　到了 2030 年，開發中國家的中產階級預計將達到 53 億，
佔總全球人口的 51%[7]（圖表 68）。同樣的，到了 2030 年，全
球中產階級依地域分布，將變為包括中國大陸在內的亞洲佔
34%、美洲佔 32%、歐洲佔 25%，以及非洲與世界其他地區的
9%。因此，若屈臣氏未來著重佈局在其他兩個金磚國家，即
巴西和印度，以及加大在 2019 年才進入的越南市場的投資力
度，可能會是期待已久的全球化第二階段的序幕。否則，若有
其他跨國零售藥妝、美妝企業捷足先登的話，屈臣氏若要保持
其全球前三的地位的成本，便會越趨高昂。

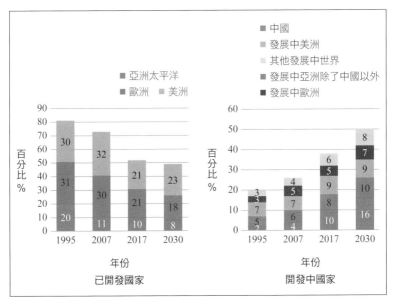

⊙ 圖表 68　1995-2030 年，已開發國家與開發中國家佔全球經濟比例
　　資料來源：綜合資料、麥肯錫全球研究所。

3. 消費者行為趨勢

　　零售業經營者在服務市場上的持續成功，取決於其滿足消費者需求的發展趨勢，以 35 歲為一道界限，或嬰兒潮一代正在迅速高齡化的現象，屈臣氏於 2018 年在英國 Superdrug 與亞洲的自有品牌的會員俱樂部成員做了一個對護膚、保健、及化妝品的需求預估調查（圖表 69）。2019 年全球消費者市場研究公司 Mintel 對當今千禧世代和明日的 Z 世代消費大戶設定了七個核心驅動力的消費行為，預計它們將在未來 10 年內塑

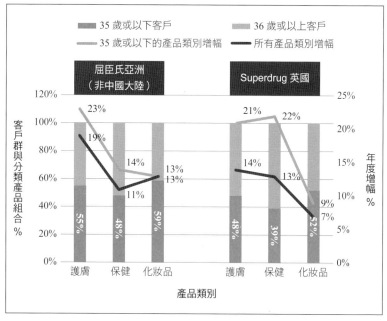

⊙ 圖表 69　英國與亞洲（非中國大陸）消費者市場調查
資料來源：2018 年屈臣氏業績分析師會議。

造全球市場[8]（表 12）。根據他們的不同需求而制定相應的策略，將區分出保健與美容業的勝利者和失敗者。

- 健康：尋求身心健康。
- 環境：感覺連接到外部環境。
- 科技：透過物理和數位世界中的技術尋找解決方案。
- 權利：受到尊重、保護和支持的感覺。

⊙ 表 12　屈臣氏對消費者趨勢七個核心驅動因素的回應

驅動因素	個人興趣	關鍵動機	屈臣氏獲勝策略	個案研究
健康	尋求身心健康	成為消費者的健康合作夥伴	針對消費者不同生活階段的解決方案	資生堂針對空氣污染的 d program 皮膚護理系列
環境	與外界相連的環境	通訊技術將使消費者和企業更容易共用資訊和知識	友好的現場保健，個人和藥房服務；移動應用軟體，並有效利用社交媒體	消費者在美容顧問的現場幫助下，試用歐萊雅彩妝與護膚品的色彩實驗室及虛擬鏡
科技	透過體驗與數位資訊科技尋找解決方案	通過忠誠會員的經常性購買來維持成長	數位轉型策略與「DARE」及客戶策略 2.0	2015 年建立了電子實驗室以分析、管理和行銷為重點來推動數位成長和電子商務
權利	感受到尊重、保護和支持	消費者需要更高的道德操守和彼此及品牌之間的更多平等	數據隱私權原則	客戶查找產品的「掃描及離去」功能與自助結帳，可確保消費者購物中 100% 的隱私
身份	瞭解並表達自己在社會中的位置	孤獨與孤立感的慰藉	研發基於消除孤獨和孤立感的技術	使用機器人緩解焦慮並鼓勵社會互動

驅動因素	個人興趣	關鍵動機	屈臣氏獲勝策略	個案研究
價值	發現有形、可衡量的效益	可承擔、真實而獨特的	「社交傾聽」瞭解客戶的見解,從而開發出滿足客戶期望和需求的品牌	樂加欣 TruNiagen 抗衰老藥幫助嬰兒潮一代預防早發性癡呆
體驗	尋求和發現刺激	向 VIP 會員提供強大的情感聯繫	透過線上和離線互動創造差異化	VIP 會員的特權

資料來源:綜合資料、Mintel。

- 身份:瞭解和表達自己在社會中的位置。
- 價值:從投資中發現有形的、可衡量的收益。
- 體驗:尋求和發現刺激。

2018 與 2019 年前十名的電子商務國家中,亞洲與歐美各佔一半(表 13)。電商公司與實體商業的合併,開始發展為線上與線下的無縫連結(表 14)。新冠肺炎的出現將加快這個現象。

⊙ 表 13　2018 和 2019 年,十大零售電子商務銷售額排名

排名	國家	2019 年 (10 億美元)	2018 年 (10 億美元)	年度同比
1	中國大陸	1,934.78	1,520.10	27.3%
2	美國	586.92	514.84	14.0%
3	英國	141.93	127.98	10.9%
4	日本	115.40	110.96	4.0%
5	南韓	103.48	87.60	18.1%
6	德國	81.65	75.93	7.8%
7	法國	69.43	62.27	11.5%
8	加拿大	49.80	41.12	21.1%

排名	國家	2019 年 （10 億美元）	2018 年 （10 億美元）	年度同比
9	印度	46.05	34.91	31.0%
10	俄國	26.92	22.68	18.7%

資料來源：e-Marketer。

⊙ 表 14 全球電子商務平台的選擇性收購和合併

企業	對象	國家	企業合併、啟動		交易	
			電商	實體零售	年份	金額 （百萬美元）
阿里巴巴	大眾	中國		陽光藝術零售 2017	2017	2,900
				Fly-Zoo	2019	未公布
		美國		Wholefood	2017	13,700
京東		中國	無人機交付農村 地區		2016	未公布
騰訊	零售、 超市			永輝、百佳	2019	170
Walmart		美國	Jet.com		2016	3,300
			Shoe.com		2017	9

4. 社交媒體

自 2004 年 Facebook 推出後，社交媒體已成為主要的數位行銷方式，[9] 它同時也已成為家庭成員、朋友和同事之間的主要溝通管道。現今，大多數消費者查看其流行的社交媒體網站（例如 Facebook、Renren、Youku、Youtube 等）或者按一下 Line 或 WhatsApp 中的聊天群組，以收集或傳播資訊給他們的合作夥伴、員工、家庭成員或朋友。隨著 Z 時代的成

長，Bebo、Friendster 和 MySpace 曾在 2000 年代曾一度成為流行的社交媒體網站，如今已變得無關緊要。Facebook 很快於 2008 年在 Instagram 上推出了類似的影片分享功能。影片共享服務商抖音的國際版 TikTok 於 2018 年 8 月在美國啟動，到了 2020 年 5 月底，美國的 TikTok 每月活躍使用者就有 8,000 萬人，其中 80% 的用戶為 16 到 34 歲[10]（圖表 70）。2020 年初，世界上有 77.8 億人口，其中 58% 或 45 億人活躍於網路。其中，社交媒體用戶佔 84%，即 38 億。如今，僅依靠印刷媒體或其他視聽管道（如廣播、電視等）從自己喜歡的品牌中尋找產品或服務資訊的消費者正在迅速消失。到 2020 年底，社交

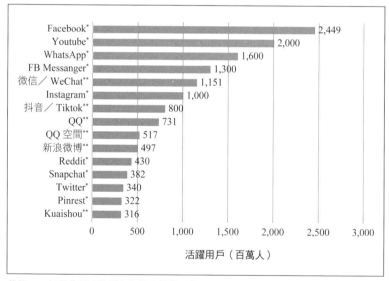

備註：一個用戶可以訪問多個社交媒體平台。

* 美國為基地　** 中國為基地。

◎ 圖表 70　2020 年 1 月，世界流行的社交媒體平台

媒體的用戶將達到全球一半的人口，而社交媒體將成為電子商務廣告和促銷的主要來源。

5. 客戶聯通策略

在過去的十年中，由於社交媒體的爆炸性成長，零售業務已變得面目全非。儘管屈臣氏尚未發佈其線上和線下的營業額，但據坊間估計，2019 年電子商務銷售已佔屈臣氏全球零售總額 17%，而中國大陸則為 37%。2020 年，因為新冠肺炎疫情影響，屈臣氏的電商銷售額較去年大幅成長 90%，主要來自 1.38 億名會員中的 63% 消費者。屈臣氏的客戶聯通策略（DARE）包括 4 個組成部分，它們共同將自己定位為健康和美容零售商：

- 與眾不同（Different）：與領先的化妝品公司共同開發與客戶需求相關的獨特產品，並只在屈臣氏或其品牌門市、網站銷售。
- 無所不在（Anywhere）：在消費者附近出現或可以使用微信或 WhatsApp 的地方。
- 關係維護（Relationship）：經理及其客戶服務顧問積極主動地利用新產品和服務來滿足屈臣氏會員的需求，而不會侵犯其隱私。
- 親身體驗（Experience）：為客戶提供服務，特別是尊貴的菁英或 VIP 會員。

與眾不同

泰國首都曼谷歷史上最嚴重的空氣污染，發生在 2018 年 1 月 1 日至 2 月 21 日之間，[11] 它啟發了屈臣氏的「皮膚護理項目」（Derma Care Project），是一個藍海戰略的典型例子。[12] 這個 d 計畫從專案構想到產品推出的 4 個月內，開發了一系列護膚產品，包括卸妝液、洗面乳、乳液、精華液和乳霜，2018 年夏天於曼谷屈臣氏的個人用品店獨家銷售，作為亞洲區內的市場測試。該計畫是由針對亞洲女性配方的日本殿堂級化妝品公司資生堂與屈臣氏共同制定，旨在緩解由於空氣傳播而對各種年齡層和皮膚類型有害的皮膚影響粒子。這個專案得到空前的成功，到貨後產品立即售罄。

由於許多亞洲國家的空氣狀況不佳，皮膚和皮膚護理市場的巨大潛力可立即釋放，因此 d 計畫已於 2019 年上半年迅速在其他亞洲城市推出。這項及時的舉措，也緩解了自 2019 年 6 月開始因抗議活動中暴力事件增加而造成香港地區的銷售短缺。[13]

無所不在

1987 年屈臣氏重新進入寶島市場後，台灣成為屈臣氏的模範業務市場。在所有主要城市的熱鬧地區中，隨處可見屈臣氏的個人用品店。每間門市都有一位專業藥劑師、美容顧問和客戶關係代表組成的團隊，為當地的 Y 和 Z 世代消費者提供美容、健康和個人護理的貼心服務。

截至 2020 年，屈臣氏在台灣擁有 580 家門市和接近 600

萬名個忠誠俱樂部會員（即「寵 i 卡」持有者），[14] 並在手機應用程式中，為「寵 i 卡」會員推出官方 Watsons LINE 帳戶，貼切地實現了「無所不在」的概念。2019 年的統計資料顯示，透過屈臣氏網路商店購物的消費者，有 54% 的顧客在附近的屈臣氏門市取貨時，一併購買了其他商品。

關係維護

　　屈臣氏於 2007 年在香港首次推出百佳超市忠誠俱樂部會員資格，作為其客戶維護策略的一部分，價格折扣和家用器具積分可以兌換為會員的優惠。屈臣氏個人用品店與其歐洲本地品牌的連鎖門市，不久後就推出了本國專屬的會員俱樂部計畫。截至 2020 年底，屈臣氏在全球擁有 1.38 億名會員，其中包括中國大陸在內的亞洲超過 1 億的付費會員、歐洲有 3,800 萬，[15] 另有 4% 是尊貴 Elite 會員。這些付費會員佔 25% 的會員銷售額，人均消費亦是普通會員的 8 倍。因此，屈臣氏當務之急的戰略之一，是與這些 VIP 會員建立密切關係。2019 年，透過線上調查屈臣氏七個亞洲市場（中國大陸、香港、台灣、馬來西亞、新加坡、泰國、印尼）14,000 名消費者的旅遊購物習慣，發現：

- 亞洲人去新加坡和香港旅行的次數分別高出平均次數 2.7 倍和 2.2 倍。
- 亞洲最受歡迎的旅行目的地國家是中國大陸、泰國和馬來西亞。
- 最受歡迎的跨境購物目的地是中國大陸人到香港，新加坡人到馬來西亞，印尼人到新加坡。

- 最受歡迎的跨境購物商品是為來自中國大陸、泰國和印尼的遊客提供護膚和化妝品，以及為來自香港、新加坡和馬來西亞的遊客提供個人護理產品。

根據調查結果，「屈臣氏通行證」概念於 2019 年第二季首次向居住在粵港澳大灣區的 800 萬名屈臣氏俱樂部會員推出 [16]。隨後，該概念於 7 月擴展到其他亞洲市場，包括新加坡、馬來西亞、泰國、台灣和印尼，其餘國家將於 2020 年加入。

親身體驗

現時，網路購物已成為眾多 X 與 Y 世代首選的購物途徑，但是他們卻熱衷於親身體驗新事物，好讓他們在群組內與友人分享與按「讚」。因此，對新上市的保健與美容商品來說，親身體驗已是一個常態而非可有可無，是所有具備規模的零售商都必須提供的服務。

Superdrug 的「虛擬鏡子」於 2010 年推出，旨在為消費者提供選擇化妝品的獨特體驗。使用內置相機拍攝照片後，客戶可以從設備所在的架子上拿起產品、掃描產品，然後電腦會將產品「套用」到照片上。[17] 在亞洲，屈臣氏個人用品店於 2019 年推出了使用 ModiFace 的增強 AR 技術的應用程式「ColourMe」，供消費者試用巴黎歐萊雅和媚比琳的彩妝產品，包括口紅、睫毛膏、眼影膏、染眉膏和粉底。[18] 消費者在查看自己的外觀模擬後，可以線上訂購相同的產品直接寄送至家門口，或在附近的屈臣氏門市取貨。

Superdrug 不是第一個提供線上醫生服務以滿足消費者

健康需求的公司。但是，它涵蓋的服務範圍更廣，包括用於 DNA、愛滋病毒（HIV）以及性健康和旅行藥品的家庭測試組合包，客戶可以從中獲得治療性功能障礙的西地那非（Sidenafil）50 mg 片劑的處方，價格低至 15 英鎊。[19]

2018 年 5 月在香港中環的 CKC18 一站式購物體驗與 2020 年 1 月的「玩美概念店」，都是讓消費者先體驗、後購買的策略。

6. 專賣店的威脅

隨著消費者逐漸意識到其容貌和外觀，英國市場對皮膚護理、美髮和個人護理產品的需求正在成長，保健和美容已成為零售業成長最快的部門。英國 2019 年的銷售額達到 147 億英鎊，在世界衛生組織宣佈新冠肺炎大流行之前，2020 年預計將成長超過 150 億英鎊。[20]

在過去的 10 年中，英國的保健品專賣零售商以及法國的香水和化妝品零售商絲芙蘭等專賣店，在其國內和國際市場上均有雙位數的成長。蔓麗安奈和 Superdrug 的市場份額正被侵蝕。英國《金融時報》在 2020 年 1 月 8 日報導：

> 英國第二大超市集團 Sainsbury 週三表示，它已在商店開設了 100 個美容專區並增加了其一般商品業務 Argos 的健康和美容產品線。化妝品和個人用品也是 B&M 和 Home Bargains 家庭特惠等折扣店的重要類別。Global Data 的派翠克·奧布賴恩（Patrick O'Brien）表示，他們和超市都在爭奪 Boots 的市場份

額近 20 年了。[21]

事實上，專賣店的概念並不是近年才有的，源於英國南岸的布萊頓市（Brighton）的「美體小鋪」，早在 1976 年已提供有機護膚產品，並以加盟店方式在短時間內發展成為擁有 3,000 家門市的專門美妝店，分布全球 65 個國家。美體小鋪主要供應自有品牌，與其他的專門店供應多品牌的情況不大相同。據市場消息，屈臣氏也在 2017 年評估保健品專業連鎖零售商 Holland & Barret（簡稱 H&B）。[22]

H&B

H&B 是英國領先的健康食品、保健和運動營養品零售連鎖店，2020 年的銷售額和 EBITDA 分別為 7.27 億英鎊和 1.7 億英鎊。[23] 其前任首席執行官彼得‧阿爾迪斯具備 20 年的保健品零售經驗，阿爾迪斯在推動從幾百家商店發展到現在歐洲與亞洲共 1,300 多家商店方面發揮了作用。阿爾迪斯在保健品行業內是一位眾所周知的創新型且專注於業務的高階管理者，在他退休前的 8 年半中，亦有市場不景氣年份如 2000、2009 與 2013 年，但他仍舊連續創立新的紀錄：

- H&B 進入歐洲的保健品零售業務，並在亞洲兩個競爭最烈的中國大陸和印度市場授權區域特許經營商。
- 建立「有機博士」（Dr. Organic）品牌，推出一系列天然保健品和皮膚護理產品。

美 國 Nature's Bounty 與 其 私 募 基 金 母 公 司 凱 雷

（Carlyle）集團，在評估了包括屈臣氏在內的幾項競標之後，H&B 以 17.7 億英鎊的價格賣給出價高於屈臣氏的俄羅斯石油億萬富翁米哈伊爾・弗里德曼（Mikhail Fridman）所擁有的 L1 Retail 公司。[24, 25] H&B 和 Superdrug 於 2013 至 2018 年在英國市場的財務表現提供了一些市場訊息[26]（圖 71、72）。

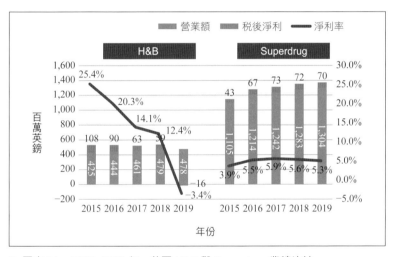

⊙ 圖表 71　2015-2019 年，英國 H&B 與 Superdrug 業績比較
資料來源：英國公司註冊署。

絲芙蘭

　　絲芙蘭成立於 1969 年，總部設於法國巴黎。自 1997 年以來一直由奢侈品集團 LVMH 擁有，它是僅次於美國 Ulta Beauty 的全球第二大特種化妝品美容零售商。LVMH 的報表中並未像長和那樣區隔出絲芙蘭的業績，但卻表示絲芙蘭是五項「精選零售」業務之一。其 2019 年的收入估計約為 48 億美

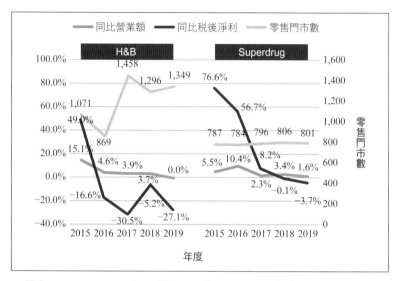

⊙ 圖表 72　2013-2019 年，英國 H&B 與 Superdrug 業績成長與門市數比較
資料來源：英國公司註冊署。

元，其中約 25% 來自電子商務。它的產品系列有 300 個品牌
（包括自有品牌）在全球 34 個國家與地區設有絲芙蘭專門店。
經過多年數位化行銷的投資，絲芙蘭現已成為忠誠度計畫的典
範，80% 的消費者會優先選擇在絲芙蘭購物。消費者和行業資
深人士都在談論絲芙蘭透過創建無縫的線上和線下五種備受消
費者歡迎的體驗，一直帶領著趨勢。[27]

● 虛擬藝術家：絲芙蘭在 2016 年推出的一款美容應用程式
軟體提供產品增強現實感覺，具有美麗意識的消費者可以
掃描自己的臉部、嘴唇和眼睛，然後選擇那些可能會喜歡
的唇彩、眼影和假睫毛，並透過電腦將「化妝」後的圖像
顯示出來，決定後可以於手機上訂購。

- 美容知內情：2017 年啟動的絲芙蘭社交媒體平台，用戶從絲芙蘭產品經驗的使用者那裡透過即時聊天獲得建議，同時瀏覽產品頁面。
- 商店伴侶：2018 年啟動的地理圍欄技術是一種位置定位的移動應用程式，當消費者在絲芙蘭商店附近時，便會收到簡訊發送新產品或優惠的訊息。
- 數位美容指南：2018 年推出的服務，旨在記錄顧客曾在店內選用的彩妝，絲芙蘭會透過電子郵件發送相關資訊，以方便顧客購買。
- Google Home 上的護膚顧問：2018 年推出語音驅動的諮詢服務，客戶可以透過此服務找到最近的絲芙蘭商店，尋求皮膚護理建議。

絲芙蘭也積極開發新興市場，包括中國大陸及印度，也有其品牌的專賣店。

7. 屈臣氏在中國的解決方案

自 2015 年以來，由於大型電商，如阿里巴巴旗下「淘寶」和「天貓」國際平台的線上業務蓬勃發展，導致實體零售商遭遇衝擊，屈臣氏在中國大陸的業務一直在趨緩。僅在 2020 年的天貓雙十一「光棍節」，淘寶的成交額為 4,980 億元人民幣（741 億美元），超過 2019 年的交易額 2,684 億元人民幣，同比成長 94.7%。美國的黑色星期五活動在 2019 年 11 月 27 日的電子商務銷售額為 90 億美元，僅約光棍節的 12%。

屈臣氏在 2010 年代花了多年時間制定出其中國大陸成長

戰略，方法是專注於 Z 世代，並透過 DARE 留住其 6,500 萬名會員（表 15）。麥肯錫顧問公司在 2019 年於中國大陸進行的 4,300 位消費者研究中顯示，如果消費品生產者無法滿足日益成熟的消費者期望，它們未來的成長將面臨挑戰。[28, 29] 接著，麥肯錫分析了米亞科技從 2019 年 12 月 1 日至 2020 年 5 月 10 日對 1 億多名中國購物者的銷售數據，四個關鍵趨勢在疫情過後或將持續：[30]

⊙ 表 15　2019 年屈臣氏中國 DARE：客戶連接策略

策略	戰術	倡議
維護與增加千禧世代顧客	精英卡、貴賓卡會員制度	針對消費能力最高的 10% 會員：免費化妝和皮膚護理服務，獨家邀請與名人 KOL 會面，五星級飯店的住宿和美食優惠等。
爭取 Z 世代參與	啟用數碼化字的線上／線下購物體驗	適用於 Z 世代的 AR 技術，「StyleMe 2.0」店內的專業化妝師提供個人化妝時，在行動電話或設備上提供不同的混合搭配時尚外觀，「Scan&Go」使客戶可以用手機掃描 QR 碼，而不必等著收銀員付款。
擴張菜單選項	開展本地、全國性品牌和專用品牌	推廣本地與美國社交媒體品牌，例如，Judydoll、wet n wild，韓國美容院品牌 CLIV and BRTC 和資生堂獨家 d program。
個人化方案	美容顧問為其客戶提供的個性化訂製服務	「企業微信平台」為消費者和屈臣氏美容顧問提供了「一對一美容諮詢服務」，該服務還可以說明快速透過「點擊並收集線上訂購」或「一小時 Flash 交付」服務。結合 AI 技術，商店的工作人員可以根據個人喜好來推薦與給予建議。
輕鬆購物	雲商店服務	使客戶能夠輕鬆快速地從本地商店和整個屈臣氏中國網路平台上購物
三線城市	高成長地區	屈臣氏在中國第 3,800 家專賣店為一家全新設計的門市，於 2019 年 11 月在三線城市雲南省昆明市開幕，它是當地購物者的新旗艦店，特別是 Z 世代，以及來自寮國、緬甸和越南東南亞鄰國的遊客。

資料來源：長和年度報告、WatsOn 及《金融時報》。

- 線下購物正在緩慢恢復，可支配所得、夜間購物和疫情中心地區的支出恢復相對較晚。
- 管道向線上、線下便利店和藥妝轉移，在疫情高峰期，約有 74% 的消費者在線上購買了更多食品雜貨，而 21% 的消費者則增加了支出。
- 對健康和健身的重視將持續下去，尤其是健康食品，包括生鮮食品、穀物、半成品、包裝食品和零食。
- 線下忠誠度受到衝擊，線上互動抵銷部分影響，更願意嘗試新的商店和新的品牌。

8. 總結

從 2020 到 2030 年，零售保健和美容的全球市場無論是在成熟市場還是在開發中國家可預見將繼續成長。目前，屈臣氏的消費者中有 70% 是亞洲和歐洲已開發國家市場的 Y 和 Z 世代。在英國，由於領先的保健和美容零售商（如博姿、絲芙蘭、Superdrug 等）擁有自己或專有的品牌，並且透過內部產品研發能力得到強化，因此全管道產品是與競爭對手的差異之一。

擁有 1,500 萬活躍會員的英國最大連鎖零售藥房博姿，原定計畫在 2020 年關閉 2,485 家無利潤商店中的 200 家，以削減成本，現因疫情而使這些門市的關閉可能會延後。[31, 32] 儘管英國 H&B 的品牌實體店和 GNC 專營店數量從 2013 年的 664 和 72 家，增加到 2020 年的 766 家和 65 家；但因為市場競爭越趨熱烈，其利潤率已從 19% 下降至 1.4%。

在同一時期，Superdrug 的藥妝零售店也從 700 家增加到 801 家，其稅後淨利率從 2.5% 增加到 5.3%，這歸因於數位化方面的多年投資，以新的保健、美容主題改造其所有零售店，以及推出新的和獨家品牌的行銷。在 10 年的學習過程中，屈臣氏已在迅速變化的零售世界中處於市場領導地位。

第14章

淡馬錫主權基金
與屈臣氏的未來

1. 簡介

新加坡的年度財政預算是由公司稅和個人稅、商品及服務稅與及其他稅項組成，並輔以「淨投資收益貢獻」（Net Investment Returns Contribution，NIRC）。淡馬錫（Temasek Holdings〔Private〕Limited）是新加坡三大國家投資主之一，於2016年加入了NIRC輔助稅項目計畫。這三家國營企業原定共為2021年的國家政府預算收入766.4億新元貢獻25.6%。

自1984年開始，李嘉誠家族透過旗下上市公司在新加坡投資，包括屈臣氏藥妝業務，為當地居民創了上千計的零售業工作機會，也是一個有獲利與納稅企業，並具備可行的持續性發展計畫。因此，淡馬錫2014年投資在屈臣氏的決定，是自然不過的事情。2020年11月15日，中國、日本、澳洲與東協諸國簽署《區域全面經濟夥伴協定》（Regional Comprehensive Economic Partnership，簡稱RCEP），將組成

世界最大的自由貿易區，香港在中國大陸政府的支持下順理成章成為 RCEP 的新成員。[2] 屆時，屈臣氏在這 15 個國家內將受惠於全面、高品質、消除限制和／或不受歧視性的措施。可惜，印度在 2020 年初退出 RCEP，以避免當地的農業、中小企業、乳品業等各產業受到區域內的直接競爭，因而造成失業。[3]

2. 李光耀與李嘉誠的友誼

李光耀是第四代華裔新加坡人，儘管他和李嘉誠擁有相同的姓氏，但在英語的拼音分別為 Lee 及 Li，可能與他們家族的客家和汕頭方言有關（這兩種方言都是許多廣東籍居民和東南亞華人的常用口語）。1942 年高中畢業後，李光耀在日本佔領下擔任新加坡行政服務新聞部的官員。第二次世界大戰結束後，他赴英國劍橋大學修讀法律，並在倫敦接受了律師培訓。1950 年返回新加坡後，他投入政治，並於 1958 年當選為新憲法下的新加坡第一任總理。當李光耀於 1954 年 5 月首次訪問香港，對當時南下的上海籍裁縫即日提供量身訂做西服的服務印象深刻，他們「客戶至上」的正面態度，給李光耀留下了難忘的深刻烙印。這次的購物經歷在他的記憶中留下了對香港企業家「做得到」（Can Do!）的永不言棄精神。

雙李之間的相遇，可以追溯到 1984 年 8 月 9 日，當時李嘉誠是應李光耀總理邀請，親自參加新加坡國慶慶典的香港投資者中的一員，這項邀請是為了吸引香港的投資者在新加坡建立第二個家園，作為針對香港在 1997 年回歸中國的保險政

策。對於新加坡在李光耀總理長期領導下井井有條、廉潔與守法的政府與人民，李嘉誠印象非常深刻。

在這次訪問後，李嘉誠決定在 1985 年 10 月、新加坡陷入最嚴重的經濟衰退之際，成為了新達投資私人有限公司（Suntec Investment Private Ltd，簡稱「新達」）的主要投資者。1988 年屈臣氏進入新加坡後，旋即在全島建立屈臣氏的零售門市。同年，新達收購了新加坡城市重建局在新達城開發中的一塊土地。3 年後，李光耀退任總理，並在二線轉任資政。

1994 年 9 月，李嘉誠的次子李澤楷（Richard Li）擁有的太平洋世紀集團（Pacific Century Group），收購了新加坡一家上市公司的控制權，該公司隨後更名為太平洋世紀區域發展有限公司（Pacific Century Regional Developments Limited），其業務重點在新加坡和東南亞。[4]

李嘉誠投資的新達項目在 1997 年 7 月竣工，成為新加坡最大的辦公、購物及會議中心。[5] 這個日期恰巧遇上香港回歸，同時也是亞洲金融風暴突然襲擊之際。2000 年 3 月，他的小兒子李顯揚（當時是淡馬錫的全資子公司新加坡電信集團的首席執行官）與李澤楷競購香港電信時失敗，[6] 這讓雙李在一段時間內各忙各的事務。

2002 年 9 月，李嘉誠捐贈了 1,950 萬新元支持對新加坡管理大學（SMU）的圖書館和獎學金，以示對新加坡的善意。[7] 隨後，在 2007 年，他透過李嘉誠基金會向新加坡國立大學（NUS）又捐贈了 1 億新元作為學術基金。NUS 的戰略倡議重燃了雙李之間的友誼。8 年後，李嘉誠與李澤鉅、李澤楷兩位

兒子參加了於 2015 年 3 月 23 日在新加坡總理官邸、即新加坡
總統府所在地的一次私人悼念李光耀的儀式。他在致李光耀長
子新加坡總理李顯龍的慰問信中說：

> 我會記得李光耀一直是位真誠的朋友，以這種身份
> 我為他的損失感到最大的哀悼。[8]

3. 新加坡主權基金

淡馬錫和 GIC 是國有投資公司和主權財富基金。[9] 淡馬錫
成立於 1974 年 6 月，以管理新加坡政府擁有的資產；[10] GIC 稍
後成立於 1984 年，其唯一目的是管理新加坡的外匯儲備。如
今，淡馬錫投資戰略股票、股份分布於各行業與眾多的業務組
合[11]（圖 73）。

淡馬錫最初成立時，其投資組合由 35 家國有企業組成，
其中包括新加坡航空（SIA）和不同行業的混合體。[12] 部分國
有企業公開發行股票，鑑於其性質特殊，這些股票被認為是相
當安全的。從淡馬錫成立之初到 2002 年，採取了一種保守的
方法。憑藉謹慎的方法擔任主權財富管理人，它擺脫了 1997
年的亞洲金融危機的影響。[13]

從 2002 至 2006 年間，淡馬錫在東南亞地區的投資信念
為：這些行業的價值將隨著亞洲新興市場中興旺的中產階級崛
起而成長。2003 年上半年 SARS 疫情之後，市場充斥著遠遠
低於其價值的資產。淡馬錫變得活躍起來，並擴展到其他亞洲

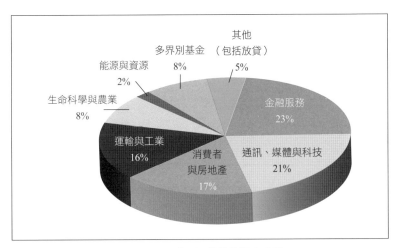

◉ 圖表 73　2020 年 3 月 21 日，淡馬錫的投資組合分配

市場，期間收購了印尼的達納蒙（Danamon）銀行（2003）、
渣打銀行（2006）、泰國的電信領導者 Intouch（2006）等公司
部分股權。[14] 2007 年，它變得更加積極進取，並透過向當時的
美林證券（現在由美國銀行擁有）、巴克萊銀行和其他公司投
資累積了數十億美元的股價。

　　2008 年 9 月 12 日星期五，投資銀行雷曼兄弟（Lehman
Brothers）業務崩潰，陷入困境的美林證券在 2009 年 1 月被美
國銀行接管後，淡馬錫出售其 3.8% 的股份時又損失了 13 億美
元。淡馬錫虧損嚴重，並自此採取了謹慎措施，其中三分之一
投資為固定收益和現金的股息，三分之一來自股票，而少於三
分之一來自房地產和私人股票等其他選項。屈臣氏作為亞洲和
歐洲零售藥妝的領導者，符合淡馬錫行業與地域兩個投資標的
條件。2014 年 3 月 21 日，以 400 億港元間接收購和黃 24.95%

零售部屈臣氏的權益。2020 年 3 月 31 日，淡馬錫的股票投資組合在亞洲的分布為 66%，其中包括新加坡（24%）、中國（29%）與亞洲其他地區（13%）。世界其他地區為 34%，包括北美（17%）、歐洲（10%）、澳洲和紐西蘭（5%），以及其他國家（2%）[15]（圖表 74）。

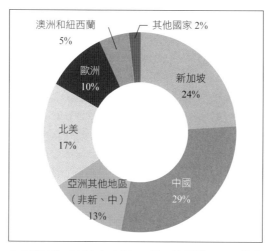

⊙ 圖表 74　2020 年 3 月 31 日，淡馬錫 3,060 億元資產的地理分布
資料來源：淡馬錫網站。

4. 淡馬錫：屈臣氏的戰略投資者還是機會主義者？

2013 年，和黃任命美銀美林、滙豐和高盛對其零售業務進行戰略性評估。年底，三大投資銀行對屈臣氏的市場估值為

230 億美元。[16] 2014 年 1 月 22 日，李嘉誠在和黃屬下另一家香港電燈公司於香港聯交所上市時，首次宣佈準備安排屈臣氏上市，以推動中國大陸零售保健和美容業務的發展。[17] 當時，和黃有可能與淡馬錫討論出售屈臣氏的部分權益。

2 月 28 日，新聞媒體正式宣佈屈臣氏將於在 2014 年底在香港和倫敦進行首次公開募股的雙重上市。[18] 3 月 24 日，淡馬錫入股 57 億美元和黃零售分部屈臣氏控股，間接持有其 24.95% 權益，包括屈臣氏集團八個直接擁有與合資的子公司，以及十三個組合內的其他零售品牌，包括百佳連鎖超市（表 16）。

⊙ 表 16　2014 年屈臣氏的子公司與合資企業組合

子公司與合資企業等	註冊地點[19]	股權比例[20]	
		2013	2014
屈臣氏控股有限公司	開曼群島、香港	100%	75%
屈臣氏（歐洲）零售控股荷蘭有限公司	荷蘭	100%	75%
屈臣氏零售（香港）有限公司	香港	100%	75%
Dirk Rossmann GmbH（羅斯曼德國有限公司）	德國	40%	30%
廣州屈臣氏個人用品商店有限公司	香港	95%	71%
百佳超級市場（香港）有限公司	香港	100%	75%
Rossmann Supermarkety Drogeryine Polska Sp. Z.O.O.（羅斯曼超級市場藥房波蘭有限公司）	波蘭	70%	53%
Superdrug Stores 有限公司	英國	100%	75%
武漢屈臣氏個人用品商店有限公司	中國	100%	75%

資料來源：長和年報。

淡馬錫投資部負責人謝松輝在一份聲明中表示：

> 消費零售業的蓬勃發展，是中等收入人口成長和經
> 濟轉型的重要表現，這是我們長期塑造淡馬錫投資組
> 合的主要旋律。我們深信亞洲（尤其是中國）和正在
> 復甦的歐洲，仍具有成長機會和長期前景。[21]

對於淡馬錫而言，投資屈臣氏的考慮因素之一，是屈臣氏可能在數年內上市，其投資將得以升值和快速回收。另一份淡馬錫在 2014 年 3 月 24 日發佈的聲明，證實了這項推測：

> 和黃與淡馬錫已同意共同努力，將屈臣氏在適當的
> 時候進行上市。[22]

淡馬錫的投資期限可以遵循一種模式，即對於新加坡或具有國家利益的國有或戰略性資產，例如新航、新加坡電信、新加坡地鐵等，淡馬錫將「永久」持有此類投資。對泰國的 Intouch 電訊等海外投資，從 2006 年原擁有近 100% 的股權，在 13 年內一直減持至目前的 10%。[23]

從 2014 到 2020 年，估計屈臣氏的 EBIT 從 130 億港元滑落至 109 億港元，或下跌 16%，這一組數字實在令人失望地低。2014 年，淡馬錫作為屈臣氏的股東，其年度股息在稅後利潤分批後，最大一筆收益是來自 2019 年廣東百佳超市與永輝合併的 1.58 億港元（6.33 億股權的 24.95%）特殊收益。在這 6 年期間，EBIT 的平均成長為 4.2%，並不算高；但若把外匯損失

剔除，則有較好的表現（表 17）。

⊙ 表 17　2014 至 2019 年，屈臣氏年度業績

項目 \ 年份		2014	2015	2016	2017	2018	2019	2020
營業額（十億港元）	屈臣氏	157.4	151.9	151.5	156.2	169.9	169.2	159.6
	同比 %	6%	−3%	−	7%	8%	4%	−6%
EBIT（十億港元）	屈臣氏	13.0	12.3	12.1	12.1	13.1	13.7	10.9
	同比 %	11%	−5%	−2%	−	8%	5%	−20%
	屈臣氏佔長和 EBIT 比例	20%	22%	19%	18%	18%	19%	19%

資料來源：香港公司註冊署。

　　和黃在 2014 年待價而沽屈臣氏的部分權益，在日後上市推廣時，淡馬錫可能使投資者對屈臣氏股價的合理性更能認同。當然，出售 24.95% 所得的 440 億港元，也給和黃帶來大量現金作為儲備為日後投資之用，部分也作為回饋和黃股票持有者的紅利。但在接續的 5 年，長和未能如預期地把屈臣氏的業務在股票市場融資上市，淡馬錫轉而支持屈臣氏屬下廣州百佳，成為新合資超市百佳永輝的 40% 股東。[24]

　　2019 年 1 月初，是項交易的完成為長和帶來一次性 6.33 億港元的特殊收益，淡馬錫依權益比例也獲得 1.6 億港元的特殊收益。在這交易後不久，媒體在 2019 年 1 月 7 日報導，淡馬錫考慮對屈臣氏的權益採取包括減持套現等不同選項。[25] 2019 年 6 月，香港社會再次出現動盪，導致零售業務重大混亂，進一步壓低了屈臣氏的估值。有見於市場反應不佳，淡馬錫決定在 2019 年 9 月給傳媒發出風聲，暫停出售屈臣氏的

10% 股份。[26] 2020 年，新冠疫情將會在未來 1 至 2 年反覆持續一段時期，直接影響跨國企業，無一倖免。若你作為淡馬錫的董事會成員，你的下一個決定會是靜觀其變，還是積極面對屈臣氏全球化的下半場呢？

5. 印度市場的潛力

據 2007 與 2013 年印度媒體的報導，若然屬實，屈臣氏在探討進入印度零售業的時機並不合適。直至目前為止，外資包括美資都不能在印度的零售領域擁有超過 51% 的實體店業務。[27, 28] 當然，和黃電訊與印度稅務的糾紛遲遲沒有解決也是一個可能原因。[29] 按中國大陸的經驗，當人均 GDP 在 2006 年達到約 2,099 美元時，屈臣氏在華成立了 200 家零售藥妝門市，業務開始飛躍（圖表 75）。2019 年印度的人均 GDP 為 2,104 美元，零售業將如中國大陸一樣，在未來的 10 年隨印度中產階級逐年遞增而起飛，這是一個不可錯過的機會，因為印度的 13.8 億人口為全球第二，是世界上最後一個龐大而有待開發的市場，但印度歷屆政府始終維護目前在全國各地 98% 印度人依賴的「夫妻檔雜貨店」（Kirana）。

Walmart 是全球超市領域的龍頭企業，早於 2007 年便投資印度，並在前 10 年內建立了 21 家大型倉庫，進行 B2B 及物流業務，供貨給數以百萬計的夫妻檔雜貨店。鑑於印度政府在未來不會改變開放連鎖零售業政策，Walmart 在 2018 年 5 月果斷地收購了印度本土最大電商 Flipkart 77% 的權益，改變方向發展其網路超市業務。[30, 31]

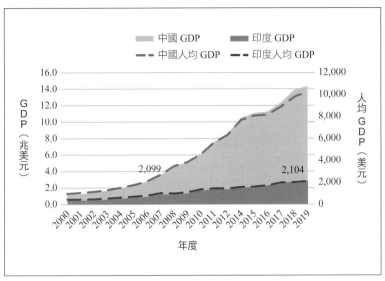

* 印度的 2019 年人均 GDP 為 2,104 美元，約等於中國 2006 年的金額。

⊙ 圖表 75　2000-2019 年，中國大陸與印度 GDP 增幅
　　資料來源：世界銀行。

　　估計 Walmart 的決定是基於 2017 年印度的電子商務市場
總計為 380 億美元，僅佔零售業約 3%。按中產家庭與 Y 及 Z
世代人數的快速增加，預測至 2027 年，電商市場將增至 2,000
億美元。

　　屈臣氏可以效法 Walmart，採取一個進入印度的 3 年期階
段性策略，其商業模式可以考慮以下元素和一個行之有效的屈
臣氏 DARE 策略與 VIP 會員制度（圖 76）。

- 第一階段：在孟買（印度潮流之都）成立一間以 Y 與 Z
  世代為目標的時尚保健與美容體驗式旗艦店。
- 第二階段：在 28 個邦的首府成立一間體驗式實體店，與

當地電商平台建立戰略性聯盟，提供自有品牌的保健與美容品。

- 第三階段：在各邦的二、三線城市建立「店中店」。[32]

獨資或合資網路
電子商務平台
- 銷售自有與獨家品牌，以及
其他本土或進口暢銷保健與
美容品牌

藥妝實體店
（體驗新產品）
- 獨家授權品牌
- 新上市 25 個商品及
38 個 SKU
- 展售 500 商品及 800 個
SKU

店中店
（暢銷品）
- 獨家授權品牌
- 展售 150 個商品及 200 個
SKU

◉ 圖表 76　印度市場特色的外商零售商業模式

　　2020 年的新冠疫情將使例如巴西、印度、南非等新興市場的連鎖藥妝集團受到前所未有的打擊，財務較弱者將會在此次疫情中被淘汰或等待被收購。但因過去 5 年，全球藥妝業排名首位的美國 CVS 已在 2018 年 11 月收購了安泰（Aetna）醫療保險業務，專注於美國本土的醫藥健康服務；第二名的沃博

聯在海外市場、尤其是在英國的博姿業績呈現虧損狀態，估計這兩家藥妝巨頭在未來數年也不會進入印度市場。

6. 屈臣氏的未來

2007 至 2020 年的 14 年間，全球經歷了一波又一波的經濟危機、國際攻擊、地區衝突、社會事件、疫情大流行等影響民生的事件。在零售藥妝的領域，屈臣氏的商業模式不停地接受挑戰，有賴與時俱進的策略制定與執行，業績得以持續向上。

屈臣氏在 2020 年 9 月 8 日宣佈與阿拉伯聯合大公國綜合企業 Al-Futtaim 達成獨家特許權協定；10 月 27 日，首間屈臣氏旗艦店於該國杜拜購物中心開幕。[33] 這個地區獨家授權商業模式以智慧財產權與自有品牌產品群組的投入，得到最快速成長的機會。在具有商業道德與遵守法律的國家和高度誠信的企業，這將是一個雙贏的方案。如果在一些人口市場超過 1 億的國家，例如印度、巴西、奈及利亞、巴基斯坦和孟加拉等，尋找當地夥伴做長期投資可能是一項挑戰，因為在市場遼闊的國家成立門市、培養當地管理團隊、累積線上線下客戶，以及達到群聚效應等皆需要長期投資，對於當地創投基金或企業家就不一定有吸引力。鑑於地緣政治越趨複雜，進一步分散風險成為屈臣氏全球化下半場的當務之急。以下的市場維護與進入可以同時進行：

- 維護現有 90% 獲利市場的份額（西歐、中國大陸與亞洲高收入國家與地區）。

- 加大投資於目前已進入市場的國家，包括印尼、越南。
- 選擇人均 2,000 美元與人口約 1 億或以上的新興國家，主攻印度。
- 完善歐洲自我及合資藥妝的數位化轉型、加強線上線下策略，以及提升顧客忠誠度。

7. 總結

　　韋以安來到香港之前，在英國已累積了 25 年的零售百貨與超市業務背景，他很快便從屈臣氏製造部門的汽水與蒸餾水業務中發現自有品牌的價值，並立即應用於零售藥妝業務。1984 至 1986 年間，屈臣氏從傳統藥房轉型成為個人護理店的過程中，建立了高邊際利潤的自有品牌商品和一個可持續發展的藥妝商業模式。韋以安在 1987 年進軍東南亞時，決定聚焦在保健與美容零售領域，並在整個 1990 年代的亞洲各國複製此模式，獲得亮麗的成績，成為此行業的翹楚。時至今日，全球超市因為農產品與食品組合的先天性原因，毛利率一直偏低。過去 5 年，全球排名前三名超市的毛利率為 1% 至 4.7%（圖表 77）。當屈臣氏在 20 世紀末往英國和歐洲尋找投資機會時，保健與美容零售領域便成為優先選項。

　　2007 年，黎啟明從韋以安手上接管了屈臣氏董事總經理一職後，在現有藥妝業務基礎上聚焦發展零售藥妝的實體店，尤其是在中國大陸。2018 年，當屈臣氏落實 DARE 策略，促使尤其是亞洲地區的營業額與利潤快速上升時，中美兩國的貿易糾紛也開始加劇。2019 年 6 月，香港的政治紛爭急劇轉變

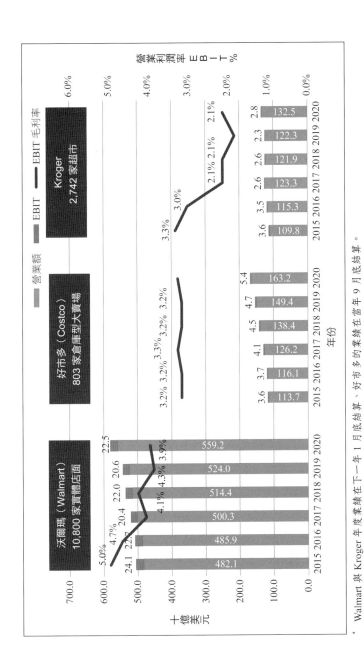

◎ 圖表 77　2015~2020 年，全球前三名超市業績比較

* Walmart 與 Kroger 年度業績在下一年 1 月底結算，好市多的業績在當年 9 月底結算。

** Walmart 與好市多是美國兩家以美國為總部的跨國企業，約 20% 業績來自海外市場；Kroger 的業績則主要來自美國。

*** 實體店數位按各企業 2020 年年報所導。

來源：各公司年報。

為社會動盪，使得尤其是來自中國大陸的入境旅客一落千丈。接著 2020 年的新冠肺炎蔓延全球，除了中國大陸零售業從第 3 季開始復甦，世界各國的經濟受到一波又一波的疫情影響，繼續癱瘓，全球保健與美容零售業久久不能復原。

自 2002 年開始，屈臣氏為全球排名第三的保健和美容零售商；2020 年，屈臣氏在歐、亞總計有 16,167 家零售藥妝門市，成為全球零售藥妝龍頭。其營業利潤率也比前兩位對手平均高出 1 至 1.5 倍，在 6.8% 到 8.1% 之間（圖表 78）。

2020 年 3 月 12 日，世衛宣佈新冠肺炎大流行，全球的零售業步入寒冬。屈臣氏的個人衛生與家居消毒用品零售業務，尤其是一次性口罩有著噴泉式的上升。但是，疫情的反覆，政府與雇主要求上班族在家上班，非剛性需求的香水、美容、彩妝類高價消費品的購買意願急劇下降。屈臣氏 2020 年上半年的業績是自 2007 年以來最為失望的表現。若與 2019 年同比，屈臣氏的門市增加至 15,836 家（+4%）、營業額為 736 億港元（−11%，依當地貨幣計價為 −9%），EBIT 為 297 億港元（−53%）。2020 年下半年，屈臣氏的業績在中國大陸的市場開始復甦，快速帶動了 EBIT 回升至全年 109.3 億港元，年度同比降至 −20%（2020 年上半年的 EBIT 為 29.7 億港元，同比下跌了 55%）。

滙豐銀行在 2020 年 7 月 28 日發表對全年全球 GDP 預測為 −4.8%（中國大陸的成長也減慢至 1.7%），全年零售與服務業都受疫情嚴重打擊，一部份企業已裁員或倒閉。全球零售業在 2020 年的第三季則預計下跌 3.5%，亞太地區則下降 1.5%。隧道的盡頭總會有曙光，預計 2021 年隨著疫情的

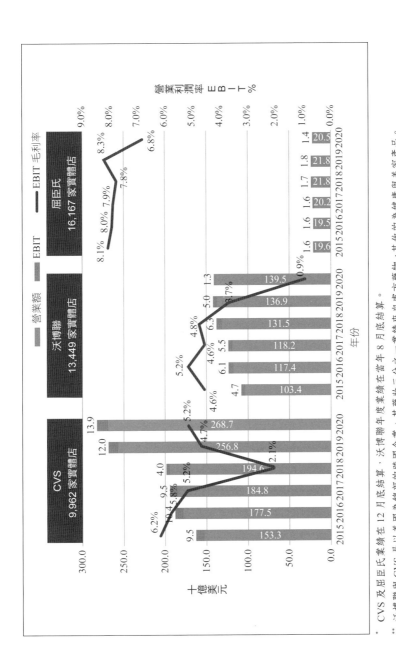

⊙ 圖表 78　2015–2020 年，全球前三名藥妝業績比較

* CVS 及屈臣氏業績在 12 月底結算，沃博聯年度業績在當年 8 月底結算。

** 沃博聯與 CVS 是以美國為總部的跨國企業，其藥妝三分之一業績來自處方藥物，其他的為健康與美容產品。

*** 屈臣氏全球處方藥估計佔 3% 以下業績，其餘的為健康與美容產品。

來源：各公司年報。

退卻，全球 GDP 成長預測為 5.1%（亞太地區的零售業將成長
6%，並將回升至 2019 年的水準。[34] 屈臣氏業務擴充的資金來
源可以是來自長和直接投資或上市融資後進行。2021 年是屈
臣氏慶祝成立 180 年之際，疫情過後，期待已久的全球化下半
場的序幕，也是時候展開了。

附錄

1839 至 2020 年，
影響中國大陸、香港的大事表

	年份	歷史事件	地域	關鍵事件	對屈臣氏的業務影響
港英殖民地時期	1839 ～ 1842	第一次鴉片戰爭	廣東水域	1839 年 6 月 3 日～ 25 日，虎門銷煙。	• 原 1828 年開業的廣東大藥房、診所關閉。
			香港	1841 年 1 月 26 日，英軍強行登陸香港、水坑口。	• 同年，兩名英籍船醫搭建棚屋草藥店香港大藥房。
			南京	1982 年 8 月 29 日《南京條約》簽署。	• 割讓香港島與英國。 • 開放廣州、福州、廈門、寧波、上海為通商口岸。
	1856 ～ 1860	第二次鴉片戰爭	沿海口岸	英法兩國欲謀取在華更大利益	英法聯軍火燒圓明園導致： • 增開營口、煙台、汕頭、瓊州、南京及鎮江、漢口、九江及台灣多個港口為通商口岸。 • 割讓九龍半島給英國。屈臣氏批發業務延伸至九龍半島。
			天津	1858 年 6 月簽署《天京條約》：13 日與俄國，18 日與美國，26 日與英國和 27 日與法國。	
			北京	1860 年 10 月 24 日《北京條約》。	
	1898	英方需要土地發展	北京	1898 年 6 月 9 日《中英展拓香港界址專條》簽署。	九龍西與新界租借給英國 99 年，至 1997 年 6 月 30 日。

	年份	歷史事件	地域	關鍵事件	對屈臣氏的業務影響
港英殖民地時期（續）	1899〜1901	義和團運動	華北	清末排外運動引發八國聯軍之役。	火燒北京大柵欄街大英藥房，屈臣氏離開華北市場。
	1911〜1912	辛亥革命	湖北、武昌	中華民國於 1912 年 1 月 1 日成立。清末濫造銅錢，新政重稅引發貨幣貶值。	屈臣氏的客戶匯款困難，最終關閉或轉售廣州以外的藥房、汽水廠給合作夥伴。
	1914〜1919	第一次世界大戰	歐洲	1914 年 6 月 28 日。奧匈帝國皇儲夫婦被殺。	歐洲禁運戰略物資，包括砂糖，影響屈臣氏汽水、糖漿藥水業務。英籍藥劑師徵召回國參戰，藥房關閉。
	1925〜1926	省港大罷工	廣州、香港	1925 年 6 月 19 日至 1926 年 10 月 10 日期間，廣州和香港爆發了大規模的罷工。	香港十萬工人罷工，工廠停工，出口停止，經濟嚴重受挫。屈臣氏零售、批發、製造業務停擺。
	1929〜1933	經濟大蕭條	全球	1929 年 10 月 24 日美國華爾街股票市場崩潰。	東南亞市場原料價格大跌，屈臣氏出口嚴重受挫。
	1932	淞滬戰爭	上海	1932 年 1 月 28 日至 3 月 3 日期間，日本發動侵略上海的戰爭。	上海包括租界經濟受到打擊，屈臣氏批發業務受影響。
	1937〜1945	抗日戰爭	中國大陸	1937 年 7 月 7 日北京盧溝橋事件，日本發動侵華戰爭。	中國軍民傷亡 3,500 萬。
			廣州	1938 年 10 月 12 至 29 日，日軍侵入廣東，導致 80 萬難民從廣東湧入香港。	1938 至 1941 年間，香港人口增至 180 萬，經濟出現小陽春。
			香港	1941 年 12 月 8 至 24 日戰鬥，25 日英軍投降。	香港保衛戰持續 3 週後，日本佔領為期 3 年 8 個月。

	年份	歷史事件	地域	關鍵事件	對屈臣氏的業務影響
港英殖民地時期	1937 ～ 1945 （續）	抗日戰爭 （續）	香港	日佔時期；1941 年 12 月 25 日至 1945 年 8 月 15 日。85 萬人口逃回中國大陸，35 萬逃亡澳門。	屈臣氏主要管理階層與藥劑師被關在赤柱集中營，藥房與汽水、製藥廠關閉。香港人口只剩 60 萬。
	1945	重光日	香港	1945 年 8 月 30 日，英軍恢復在香港的統治。	屈臣氏在 1945 年 9 月 1 日復業。日據結束後的 1 年內，香港人口反彈回 150 萬。
	1945 ～ 1949	國共內戰	中國大陸	1949 年 10 月 1 日，中華人民共和國成立，國民政府遷台。	期間，50 萬人口從中國大陸移居香港。屈臣氏業務發展迅速，但停止廣州業務。
	1950 ～ 1953	韓戰	朝鮮半島	1950 年 6 月 25 日至 1953 年 7 月 27 日	期間，屈臣氏汽水出口南韓給聯合國部隊，及東南亞國家。業務繼續上升。
	1967	六七暴動	香港	1967 年 5 月 4 日至 12 月 15 日	暴動期間，屈臣氏零售與批發業務受損。
	1973	石油危機	全球	1973 年 10 月至 1974 年 3 月。	宣佈石油禁運，暫停出口，造成油價上漲。屈臣氏的控股公司和記洋行業務重創。
	1983	黑色星期六	香港	1983 年 9 年 24 日，香港股市與港元大跌。	屈臣氏業務受港元貶值而虧損，分散投資策略 1.0 開始。
過渡時期	1984	香港回歸	北京	1984 年 12 月 19 日簽署《中英聯合聲明》	三個不平等條約終止。
	1989	六四事件	北京	1989 年 6 月 4 日天安門事件。	香港市民信心動搖，零售業下滑，屈臣氏縮減開支三分之一。
	1997	回歸日	香港	1997 年 6 月 30 日晚上至 7 月 1 日凌晨。殖民地終止，特區成立。	中英兩國政府見證香港移交。

	年份	歷史事件	地域	關鍵事件	對屈臣氏的業務影響
特區時期	2003	SARS	中國大陸、香港	2002 年 11 月 16 日至 2004 年 5 月 19 日。	冠狀病毒疫情嚴重影響香港經濟，屈臣氏零售業務短暫受損。
	2013	雨傘運動 1.0	香港	2014 年 9 月 26 日至 12 月 15 日，佔中事件。	政治反對者佔領主要街道與商業區，直接影響零售、服務、旅遊業務。屈臣氏關閉多家零售門市，2018 年初才恢復正常。
	2019	雨傘運動 2.0	香港	2019 年 6 月《逃犯條例》引起的社會事件。2019 年 12 月 31 日武漢報導第一例人傳人新冠肺炎案例。	接近半年的社會動亂直接影響零售、服務、旅遊業務。屈臣氏關閉多家零售門市。
	2020	新冠肺炎疫情	全球	中國大陸疫情自下半年開始受控。美國在年底開始接種疫苗。	全球經濟受疫情影響，屈臣氏業務也受打擊。
	2021	新冠肺炎疫情	全球	自年初開始，新冠肺炎疫苗開始在全球先進國家被廣泛接種。	全球經濟開始陸續復甦。預計到了暑期，歐洲包括英國的屈臣氏業務回復正常。

附註

前言

[1] Tedros Adhanom Ghebreyesus, Director-General of the World Health Organization, *No end in sight to COVID crisis, and its impact will last for 'decades to come*, The Emergency Committee on #Covid-19 Meeting. https://news.un.org/en/story/2020/08/1069392。

[2] 策略師，Peter Scoblic，在 2020 年 7 月與 8 月雙月號的《哈佛商業評論》，〈向未來學習，在不確定的時期如何制定穩健的戰略？〉的論文內描述「戰略遠見制度化」一詞，而其最為顯著的工具是經常性就不同情況制定計畫。

第 1 章

[1] 19 世紀初，英國的「草藥店」（Apothecary）免費提供病人臨床諮詢，但會收取可觀的藥物費用。

[2] 趙粵，《香港西藥業史》，香港三聯書店。2020:20-22。

[3] *Company Meeting: A.S.Watson History of the Firm*, Hong Kong Daily Press, Saturday, June 10, 1916:2. https://mmis.hkpl.gov.hk/old-hk-collection。

[4] 香港島在 1842 至 1997 年間為英國殖民地。期間被稱為「維多利亞市」，是 19 世紀大英帝國眾多領土中，人口較為稠密、商業較為蓬勃的地區。是維多利亞女皇執政時期（1837-1910）所命名的城市之一。

[5] Waters, Dan, Hong *Kong Hongs with Long Histories and British* Connections, Royal Asiatic. Society Hong Kong Branch, Hong Kong, Volume 30, 1990: 238-240. Accessed August 5, 2019. http://hkjo.lib.hku.hk/archive/files/8deeba7475f950a5f3938fc24f687bbe.pdf。

[6] *The Hong Kong Almanack, 1948,* D. Noronha, Hong Kong:37. Accessed August 5, 2019. http://ebook.lib.hku.hk/CADAL/B38633723.pdf。

[7] 參考 2：26。

[8] Jeremy Watson's Family Stories, Accessed August 14, 2020. http://www.spanglefish.com/JeremysWatsonWellsMillerandCrawfordfamilystories/index.asp?pageid=693818。

[9] The Watsons of the UK and South Africa:Information About Alexander Scott Watson. https://www.genealogy.com/ftm/w/a/t/Jeremy-H-Watson/WEBSITE-0001/UHP-0067.html。

[10] 參考 5：239。

[11] 參考 2：40。

[12] 「化學師」（Chemist）一詞是香港殖民地時期，按英國傳統指具備藥劑資格的化學師、藥師、藥劑師負責配藥與賣藥的場所。

[13] *The Late Mr. J.D. Humphreys,* The Hong Kong Telegraph, Hong Kong, Wednesday, November 10, 1897:2. https://mmis.hkpl.gov.hk/old-hk-collection。

[14] Chan, Bruce A. *The Story of my Childhood Home:*A*Hong Kong Mid-levels Residence c.1880–1953*, Journal of the Royal Asiatic Society Hong Kong Branch, Vol. 58 (2018):120−126. https://www.jstor.org/stable/26531706?read-now=1&seq=17#page_scan_tab_contents。

[15] *A.S. Watson Co.& Ltd., Commercial Manila*, Sea Ports of the Far East, Illustrated, Historical and Descriptive, Commercial andIindustrial Facts, Figures, and Resources. Allister Macmillian, London. 1907:227. https://babel.hathitrust.org/cgi/pt?id=hvd.32044081992034&view=1up&seq=9。

[16] 同 14。

[17] GS1898 Notification No.228。

[18] GS1931 Notification No.398. http://sunzi.lib.hku.hk/hkgro/view/g1931/618984.pdf。

[19] 當初戒煙藥注射劑是藥癮者從藥房買來嗎啡藥粉溶入蒸餾水，然後由西醫師透過皮下注射達到鴉片煙癮效果。因為嗎啡不受管制，沒有鴉片專賣稅、成本便宜，戒煙藥消費者快速增加。

[20] 《台灣新報》，戒癮急需，1887 年（明治三十年）4 月 3 日星期六。

[21] 荷蘭水名稱一直沿用至 1970 年代才被汽水一詞去取代。事由為當時有一個「點止汽水咁簡單」的電視廣告每天高頻率出現，其他品牌的碳酸飲料開始各自品牌的汽水廣告反擊。消費者開始用汽水一詞，而摒棄沿用超過 100 多年的「荷蘭水」稱呼。

22 鄭寶鴻，《香港華洋業百年 —— 飲食與娛樂篇》，商務印書館（香港），2016:54。

23 The Hong Kong Directory with List of Foreign Residents in China, Armenian Press, Hong. Kong, 1858:23. https://archive.org/details/hongkongdirecto00unkngoog/page/n34。

24 葛元煦，《滬遊雜記》，上海古籍出版社，1989:40。

25 O'Grady, Rory, *The Passionate Imperialists,* The Conrad Press。

26 Munn, Christopher, The *Hong Kong Opium Revenue, 1845–1885*, Brrok T. Wakabayashi B.(Ed.), Opium Regimes, China, Britain and Japan, 1839–1952, Californian University Press, Oakland:110. https://www.academia.edu/33514205/Brook_-_Opium_Regimes。

27 Dikkoter D, Laamann L, and Zhou X (2005). *Narcotic Culture:A History of Drugs in China,* Hong Kong University Press, Hong Kong: 177。

28 「鴉片農夫民」一詞指香港殖民地政府在 19 世紀授予的鴉片專賣特許權持有人，在一定時期內作為熟鴉片供應的特許人，並非指許可從事鴉片種植的農夫，名稱與事實並不相符。

29 *Letter of Hau Fook Hong, Representative of Opium Farmers,* Hong Kong, May 24, 1893, GA1893:970. http://sunzi.lib.hku.hk/hkgro/view/g1893/647977.pdf。

第 2 章

1 趙粵，《香港西藥史》，香港三聯書店。2020：79。

2 當德國拜耳藥廠於 1898 年在歐洲推出阿斯匹靈和海洛因兩種藥品後，英國寶威（Burroughs Wellcome）藥廠便基於其專利片劑技術推出了這兩款學名藥。

3 1904 年，屈臣氏的資本從 60 萬港元進一步融資提高至 90 萬港元，發行了 30 萬港元（按 2018 年價值計為 900 萬港元）的額外股份，以繼續發展其在中國內地與菲律賓市場的汽水、家庭藥及戒煙藥業務。

4 Hong Kong, The World's Shop Window, "*Handbook to Hong Kong*", Kelly and Walsh, Hong Kong, 1908:106-112。

5 曼尼是一位英國藥劑師，他於 1899 年來到北京屈臣氏的大英藥房工作。1900 年義和團之亂後，曼尼移居上海。1917 年，以屈臣氏上海管理者名義收購了屈臣氏當地的藥房與藥廠業務，但可以繼續在華北地區使用屈臣氏品

牌經營業務。曼尼是著名攝影師，其傑作之一是《紅船 —— 長江救生船》攝影集，他是在 1926 年三峽一次探險航行中作了拍攝。

[6] *Company Meeting*, A.S. Watson and Co. Ltd., Hong Kong Telegraph, Saturday, June 1, 1911:5. https://mmis.hkpl.gov.hk/old-hk-collection。

[7] 同時，屈臣氏從 1912 至 1915 年的 4 年內，實施嚴謹的財務政策，關閉了國內除了廣州沙面的藥房與在城外河南的汽水廠，集中在香港的零售藥房、蒸餾水、藥品進口與批發業務，藉以改善現金流。

[8] *Company Meeting, A.S. Watson & Co. Ltd.,* Hong Kong Daily Press, June 10, 1916:2。

[9] 1914 年 7 月 28 日至 1918 年 11 月 11 日，為期 4 年 3 個月在歐洲發生的歷史上大戰之一，期間軍事動員 7,000 萬人，其中 6,000 萬為歐洲人，軍人與百姓死亡人數分別為 900 與 700 萬人。德國、奧匈帝國與義大利的同盟國陣營，與英國、法國、俄羅斯等協約國陣營交戰。當時，香港為英國殖民地，也需要派人參戰。

[10] *Company Meeting*, A.S. Watson Co., Ltd., Hong Kong Daily Press, May 6,1918:4. https://mmis.hkpl.gov.hk/old-hk-collection。

[11] *Company Meeting*, A.S. Watson Co., Ltd., China Mail, March 6,1920:10. https://mmis.hkpl.gov.hk/old-hk-collection。

[12] 香港殖民地政府下令九廣鐵路停駛，故此離港工人多數只能步行回廣州。當時，「戇鳩鳩，行路上廣州」一詞為俗語，取笑徒步回廣州的正直工人。當時在內地國民黨政府支援下停工停業，封鎖香港交通運輸，使廣州工人回不了香港上班。

[13] 1925 年 5 月中，有學生示威以聲援在工運中被殺的工人領袖顧正紅時，被國際租界的英籍員警開槍導致 13 人死亡、數十人重傷。當時中華民國廣州政府實行聯俄容共，以蘇俄方式抵制英國治下的香港。大罷工維持 1 年餘，中華全國總工會總書記鄧中夏及香港海員工會的蘇兆微等人（實為共黨黨員），成立全港工團聯合會，在香港工會領袖決議罷工。6 月 19 日起，香港各個工會，包括：電車、印刷、船務首先回應，3 日內即有 2 萬人離開崗位、返回廣州；各學校學生亦同時罷課，在廣州，沙面英租界的華工，亦於 6 月 21 日起回應。

[14] 《英文香港日報》（*Hong Kong Daily Press*），1926 年 3 月 29 日，屈臣氏公司周年會議。https://sc.lcsd.gov.hk/TuniS/mmis.hkpl.gov.hk/web/guest/old-hk-collection。

15 *1931 A.S. Watson Annual General Report*, University of Hong Kong Special Collection Library。

16 *Messrs.A.S.Watson & Co.Ltd. :Disappointing Year Revealed at Annual Meeting*, Hong Kong. Hong Kong Daily. News, March 22, 1933:6. Accessed September 19, 2019. https://mmis.hkpl.gov.hk/old-hk- collection。

17 「可樂」原為 1885 年，美國喬治亞州的藥劑師約翰・彭伯頓（John Smith Pemberton）發明的深色不含酒精的咳嗽糖漿。在調試過程中，意外地加入蘇打水而成為「可口可樂」。其靈感來自 1863 年古柯酒的法國藥劑師安傑洛・馬里亞尼（Ange-Francois Mariani）。

18 沙士（Sarsaparilla/Sarsi）是一種碳酸飲料，以墨西哥菝契為主要調味的原料，飲料顏色與可樂一樣但味道截然不同。

19 《廣東省志 - 輕工業志》，廣東人民出版社，2006:496。

20 英、法、美等國商人按《上海土地章程》與條約買地建房，建教堂、墓地，進行貿業和建立工務局管轄租界內的行政與公務。1865 年，法租界另行建立公董局管理區內行政公務。

21 日本在 1937 年 11 月 12 日佔領上海，但公共租界蘇州河以南區域和法租界成為被日本扶持的汪精衛偽政權勢力包圍的「孤島」。兩個租界內仍由工部局及公董局進行管理。

22 屈臣氏在闊別上海 54 年後，終於在 1995 年上海淮海路開業，繼續其在滬的發展。

23 Population, Colony of Hong Kong, HB: 1931, 1938, 1939, 1940. Hong Kong Government Reports On Line. http://sunzi.lib.hku.hk/hkgro/browse.jsp。

24 1938 年國內通貨膨脹使得零售價格上漲率為 49%。

25 Young, Arthur N., China's Wartime Finance and Inflation, 1937−1945, Harvard University Press, Cambridge,1965:347-358。

26 Reports of the Proceedings of the Fifty-Fourth Ordinary Annual Meeting of A.S. Watson & Co. Ltd., Hong, Kong University Special Collection Library。

27 57nd Annual General Meeting of A.S. Watson and Company Limited, The Hong Kong Daily Press, Friday, April 4, 1941:8。

第 3 章

1 第一波也是最大的移民潮，是 1945 年日本投降後的 16 個月內，超過 100 萬人返回香港。到 1946 年底，人口激增至 160 萬。第二波發生在 1949 年中國

的內戰結束時和隨後的共產主義興起。香港人口從 1949 年的 190 萬進一步增加到 1950 年的 230 萬，2 年內增加了 40 萬。第三波是 1967 至 1980 年。1967 至 1976 年的 10 年是內地的「文化大革命」和隨著的越南「船民」，光是 1979 年到達香港作為第一個停靠港的越南人就有 6 萬人。

2　眾所周知的事實是，聯合國和美國實施貿易禁運期間，在英國的默許下，一些香港本地的船運公司參與了將大量進口的抗生素、汽油和其他戰略物品轉運到內地的行為。

3　與戰前幾年相比，1951 年的年淨收入成長了 500 ％。1948 至 1951 年間，這使得行政費用包括公司秘書、英國代理記錄等交予堪富利士父子公司作為總經理的管理費用，平均每年為 429,000 港元。

4　1952 年 2 月 22 日星期五，股東特別大會紀要。

5　1,858,184 港元利潤，屈臣氏公司：宣佈派發 3 港元的股息（China Mail, Tuesday, March 24, 1953:10）。https://mmis.hkpl.gov.hk/old-hk-collection。

6　周壽臣爵士（1861-1959）在 1926 年被封為爵士，他也是東亞銀行創辦人之一。在 1942 至 1945 年的佔領期間，他被日軍任命為香港華民各界協議會主席。

7　史立甫在服務 30 年後，於 1967 年 12 月 31 日退休。

8　李澤芳是香港著名家族的成員，李家在香港開辦東亞銀行。李澤芳的董事職位由他的兒子李福和接任，他在服務 30 年後於 1967 年 12 月 31 日退休。

9　祁德尊在出生於非洲南部的羅得西亞（今辛巴威）第二大城市布拉瓦約（Bulawayo），孩童時返回英倫馬恩島（Isle of Man）長大。1942 年 4 月在惠州建立了英國陸軍援助團（BAAG），為二戰時英國戰爭部軍情 9 處的在華分支機構，成立目的是拯救逃脫的英籍戰俘和收集敵後地區的日軍情報。他在軍事情報事業方面舉足輕重，在戰爭中被提拔為上校。

10　和記是一家於 1877 年由英國籍商人 John D.Huthcison 在香港成立的貿易公司。

11　麥尊德是英籍蘇格蘭人，1948 年來到香港，加入了怡和洋行（Jardine Matheson）的體育業務部。其後，在祁德尊的和記支援下，收購了羅伯遜威爾遜（Robertson, Wilson & Company）貿易公司。

12　這個改變最終在 1982 年韋以安上台後，調整了市場策略，並以主流華人家庭婦女為目標，設計合適的產品組合與價格而成功推進。

13　香港、南韓、台灣與新加坡在當時被稱為「四小龍」。

14 香港按世界貿易組織（World Trade Organization）制定的《多纖協定》中獲得服裝配額出口全球。

15 *Report of the Insider Dealing Tribunal Appointed by the Financial Secretary*, Hong Kong Government, September 25, 1979. https://www.idt.gov.hk/english/doc/hutchison_report.pdf。

16 霍氏是資深的零售管理者，1978 年由屈臣氏的董事總經理威爾遜從英國延請至香港為零售總監。

17 1975 年，屈臣氏收購了兩家本地貿易公司 Gordon Woodroffee & Co. 和 Blair & Co. Ltd.，目的是分散投資和不依賴單一獲利業務。

18 Lo, York, Finland, *London and Swiss – 3 Ice Cream Brands from the 1960s*, April 13, 2018. https://industrialhistoryhk.org/finland-london-and-swiss-3-ice-cream-brands-from- the-1960s/。

19 《新陸經濟網概覽檔案》，1970 至 1979 年，聯合國經濟（00）分析部。https://www.un.org/development/desa/dpad/publication/world-economic-and-social-survey-archive-1970-1979/。

20 黃埔主席一職仍然由夏志信（Allan Hutchison）出任至當年 9 月卸任。時任黃埔首席行政官韋利（Bill Willie）獲滙豐銀行同意兼任董事長，李察信（John Richardson）則被任命為和記的副首席行政官。

21 1979 年度和記黃埔有限公司年報，董事長致詞，1980 年 4 月：15。

22 韋利在 1982 年舉辦的 1981 年年度周年股東大會辭任和黃董事會副主席職位。

23 李嘉誠在收購和黃後的 6 年間，將這塊已閒置多年的土地資產發展成為全港最大的私人住宅區：黃埔花園新村。

24 1980 年屈臣氏的營業外收入來自出售在新加坡和馬來西亞的業務給森那美私人有限公司（Sime Darby Sdn Berhard），以及在香港葵涌、觀塘和澳門的三處物業。

25 這些出售所得的收益用來支付屈臣氏在沙田新建的總部與零售廠庫。

26 外籍高級管理人員的待遇是當地同等中層管理員工的數倍，包括在國際學校上學的子女教育津貼，以及為其家庭提供的住宅。

第 4 章

1 韋以安中學畢業後第一份工作選擇了全職板球員，之後他於 1958 年開始在英格蘭林肯郡、斯肯索普（Scunthrope, Lincolnshire）的伍爾沃斯

（Woolworth）百貨公司擔任倉庫助理。在 20 年間，韋以安逐步在零售事業的發展，讓他在 38 歲時成為英國阿斯達（Asda）超市集團最年輕的董事會成員。

2 PEST 分析是企業在擬定策略時，用以分析外部環境情勢的 4 個領域：Political（政治）、Economic（經濟）、Social（社會）和 Technological（科技）。SWOT 分析研判的是大環境下面臨的機會與威脅，SWOT 是優勢（strength）、弱勢（weakness）、機會（opportunity）與威脅（threat）的英文首字母縮寫。

3 Raymond Li, *Banking problems: Hong Kong's experience in the 1980s,* Bank for International Settlements, Monetary and Economic Department, 1999:130. https://www.bis.org/publ/plcy06d.pdf。

4 Yam, Joseph, Hong Kong's Linked Exchange System, Hong Kong Monetary Authority Brief, Number 1,November 2005:28. https://www.hkma.gov.hk/media/eng/publication-and-research/background-briefs/hkmalin/full_e.pdf。

5 香港貨幣的外匯歷史是從 1863 年的港元與銀元為基礎的合法法幣開始，直至 1935 年 11 月 4 日為止。接著在 1935 年 12 月，英鎊以 1：16 港元代替淨元，到 1967 年 12 月調整為 1：14.55 的匯率。1972 年 7 月的往後 2 年，曾經與美元有短暫的掛鉤，然後便在 1974 年 11 月開始自由浮動，直到 1983 年的黑色星期六事件發生。

6 Enoch Yiu, *Former HSBC chairman Lord Sandberg traversed crucial years of change in China and Hong Kong,* South China Morning Post, 23 August 2017, Hong Kong. https://www.scmp.com/business/companies/article/2107978/former-hsbc-chairman-lord-sandbergs-memorial-be-held-september。

7 這些外籍人士，每到週末便通過羅湖大橋來到香港邊境的百佳超市與屈臣氏個人護理店購物。

8 中國的官方貨幣人民幣是由中國大陸銀行發行的。1980 年，中國採用了雙幣制，由中國大陸國家持有的外匯存底授權中國銀行負責發行外匯卷，金額與數量按來華的國際遊客的消費預測，他們在入境後，首先要在中國銀行的支行，依外匯紙幣的金額兌換等量的人民幣外匯卷。外匯卷最終於 1994 年淘汰。

9 「蛇口百佳超級市場有限股份公司」是改革開放後第一家非工業類的合資企業，從此奠定了外商在中國大陸境內與合作夥伴投資於服務性行業的規範。

10 作者與文禮士訪談，2019 年 11 月 26 日。

11 中華民國總統蔣經國於 1987 年 7 月 15 日宣佈戒嚴令終止時，立即解除貿易限制，包括強制性當地合夥人與外匯管制。

12 *Making It In Taiwan,* Taiwan Today, March 1, 1990. https://taiwantoday.tw/news.php?post=13126&unit=8,29,32,45。

13 《聯合報》，1988 年 12 月 18 日星期日，焦點新聞第 3 版。

14 「蘇打埠」名稱的由來為香港粵語拼音蘇打（英文 Soda）為漂白粉，意會澳門這個賭城如漂白粉把遊客的口袋清潔一樣。

第 5 章

1 北京王府飯店當時店由解放軍總參謀部所有，並於 1989 年由英籍猶太裔嘉道理家族香港半島酒店管理。當時是北京第一家豪華飯店，設有十二家高級商店，出售珠寶和手錶以及進口時裝。1999 年，解放軍總參謀部將半島酒店的資產轉讓給國有企業光大集團，後者在 2006 年售與半島，易名為王府半島酒店。

2 2019 年 11 月 20 日，訪談草莓網董事長文禮士。

3 Bangsberg, PT., *Hong Kong Group Sells Two Units to Inchape*, JOC, November 9, 1989. https://www.joc.com/maritime-news/hong-kong-group-sells-two-units-inchcape_19891109.html。

4 該豐澤旗艦店是第一家提供品牌產品的開放式採購電子和電器零售店，展示了最新上市的各種視聽和家庭娛樂設備、移動和通信設備、相機和計算機、家庭和廚房電器等。

5 「威而鋼」（Viagra）是輝瑞公司的註冊商標，是西地那非治療性功能障礙的原始品牌藥物。

6 博姿是英國最大的連鎖藥房，擁有 1,400 間門市。在 1849 年由約翰·博姿（John Boots）在英格蘭中部諾丁漢市（Nottingham）開業的草藥店開始。2006 年，博姿與瑞士 Alliance Unichem 合併，並於 2014 年底被美國沃爾格林（Walgreen）收購，易名為：沃爾格林聯合博姿（Walgreen Boots Alliance）。

7 鄭心平家族在 1927 年從中國海南島遷至曼谷。博姿與屈臣氏這兩家獨立營運的連鎖藥妝，在許多中央集團擁有的商場都有各自門市，直接競爭。

8 由於缺乏外匯存底來支撐其與美元的緊急釘住匯率，泰國政府被迫浮動泰銖。

9 人均國內生產總值（現價美元）—— 東亞及太平洋、南亞、歐洲和中亞、

新加坡、香港特別行政區、中國大陸、馬來西亞、泰國數據，世界銀行。https://data.worldbank.org/indicator/NY.GDP.PCAP.CD?view=chart。

[10] Laplamwanit, N, *A Good Look at the Thai Financial Crisis*, Columbia University, New York. http://www.columbia.edu/cu/thai/html/financial97_98.html。

[11] 屈臣氏的前身、廣東大藥房在廣州十三行已裝置了蘇打泉。1876 年屈臣氏首次推出其品牌蘇打水。1904 年，屈臣氏品牌的蒸餾水在港島北角的新建廠房落成後，開始在市場上供應。

[12] Lo, York, Finland, *London and Swiss – 3 Ice Cream Brands from the 1960s*, April 13, 2018. https://industrialhistoryhk.org/finland-london-and-swiss-3-ice-cream-brands-from-the-1960s/。

[13] Nuance-Watson 第一個項目是獲得了香港的國際機場 5 年（1998 至 2002 年）主要機場免稅零售特許經營權，其後陸續在東南亞機場的開展其業務。

[14] P.T.Bansberg, Duty-Free Giant Shut Out of New Hong Kong Airport, JOC, May 29, 1997. https://www.joc.com/maritime-news/duty-free-giant-shut-out-new-hong-kong-airport_19970529.html。

第 6 章

[1] Watsons Personal Care Stores (UK) Holdings Ltd. For the Period Ended December 31, 2001:1. https://find-and-update.company-information.service.gov.uk/company/04051648/filing-history。

[2] 人們普遍認為，「千禧蟲」（Millennial Bug）在踏入 21 世紀的第一天，電腦程式中的日期變換可能會導致各種錯誤，例如若日期顯示不正確、自動日期記錄不實時便會出現錯誤，但這錯誤從未發生。

[3] Kenny, Gramme, *Don't Make This Common M&A Mistake*. Strategy, Harvard Business Review, March 16, 2020. https://hbr.org/2020/03/dont-make-this-common-ma-mistake。

[4] 和記黃埔接受了德國曼內斯曼公司（Mannesmann AG）收購其在英國 Orange 電訊的 44.81% 股權，總額 1,130 億港元以現金和股票支付。https://www.ckh.com.hk/en/media/press_each.php?id=8。

[5] Teather, David, *Hutchison dumps Vodaphone holding*, MarketForces, Business, March 23, 2000. The Guardian. https://www.theguardian.com/business/2000/mar/23/7。

[6] 藥妝一詞在歐洲是指藥店售賣家庭藥（非處方類藥品）、化妝品與香水、洗護用品、食品、禮品的零售店鋪。在英國，藥房（Pharmacy，或通稱 Chemist）除了有駐店藥劑師配製處方藥，也有營業家庭藥品與其他貨品的店鋪。因此，許多連鎖藥房例如博姿、萊斯等也可以稱為「藥妝」。歐洲的藥妝例如德國的 dm、荷蘭的 Kruidvat 等為藥店（Drug Store），可售賣少量的家庭藥但不能配製處方藥。處方藥中心不售賣保健與美容民生消費用品，因此不屬於藥妝。

[7] 在創辦 Savers 之前唐克斯是 Tip Tops 打折連鎖藥房的營運總監。

[8] *Tip Top in Franchise Move*, Chemist & Druggist, London, August 1, 1987:231. https://archive.org/details/b19974760M5820。

[9] Savers 在收購後部分常年年值的藥妝。

[10] Llyods sells 115 Supersave drugstores, The Pharmaceutical Journal, 15 January 2000. https://www.pharmaceutical-journal.com/news-and-analysis/lloyds-sells-115-supersave-drugstores/20000118.article。

[11] 在英國，零售藥房和藥妝都出售非管制類的食品和維生素類保健品。但是，藥房聘有藥劑師專注於醫生處方的配製而藥妝店不僱用藥劑師，它們依靠消費者購買個人洗護、保健和非處方類的家庭消費者。

[12] *Overview*, 1999 Gehe Annual Report: 61, Accessed December 3, 2019. https://www.mckesson.eu/mck-en/。

[13] Savers Health and Beauty Limited, Directors' Report and Financial Statements Registered Number 2202838 , 27 May 2000:1,8,19. https://beta.companieshouse.gov.uk/company/02202838。

[14] Llyods Chemists Limited, Directors' Report and Financial Statements Registered Number 1335858, 31 December 2000:5,8. https://beta.companieshouse.gov.uk/company/01335858/filing-history?page=1。

[15] Savers Health and Beauty Limited, Directors' Report and Financial Statements for the year ended 31 December 2006:1 Registered Number 2202838. https://beta.companieshouse.gov.uk/company/02202838。

[16] Savers 1999 年 EBIT 的 10 倍估算值是 1,850 萬英鎊，加上 Supersave 的 520 萬英鎊的購買價，當時 Savers 價值估計為 2,370 萬英鎊。

[17] *ASW health and beauty stores – Worldwide*, Wats On, No. 55, April 2002, ASW:15. https://www.aswatson.com/wp-content/uploads/old/eng/pdf/watson_magazine/2002/55-watsON-e.pdf。

[18] 主要成本的租金和工資，因政府上調最低工資等因素嚴重影響 Savers 的業績。

[19] 和路氏於 1786 年在英國創立，並在 1922 年被英荷聯合利華公司收購。

[20] *Unilever to Acquire Chinese Ice Cream Business,* Food Online, January 19, 1999. https://www.foodonline.com/doc/unilever-to-acquire-chinese-ice-cream-busines-0001。

[21] 當年的營業額增幅，主要是訪港旅客上升帶動免稅店的營業，在英國的 Powwow 飲用水的銷售和其他服務部門，例如 Tom.com 的電商服務開展。EBIT 的大幅上升則來自屈臣氏出售在中國大陸與香港的雪山品牌與醉爾斯高級雪糕代理業務。

[22] 營業額的增幅主要來自香港豐澤、機場免稅店的營業額增加，屈臣氏在東南亞及英國藥妝的擴張，內地零售與製造業等良好進展。EBIT 的減少主因是上一年的獲利，包括雪糕業務的出售與保潔在內地合資公司的營業。若撇除這兩項的一次性獲利後，EBIT 增幅為 358%。

[23] 營業額的增幅原因主要是百佳營業額與海外擴張，EBIT 的減少主要是一次性「廣州保潔和黃」的重組費用及利潤營運下降，尤其是台灣屈臣氏的毛利下降。

第 7 章

[1] 早期，Groenwoudt 超市集團收購了 DeRu、Minten、Beerkens 等以及 1996 年的 Nieuwe Weme 超市集團。

[2] 比利時的第一家 Kruidvat 藥妝店也在 10 年後的 1992 年開業。

[3] *Annual Report and Accounts 1987 (For the Period Ended 28th February), Superdrug Stores Plc.* Companies House, London, 9 September 1987: 3-4, 8-12. https://find-and-update.company-information.service.gov.uk/company/00807043/filing-history。

[4] *Roland and Peter Goldstein*, The Sunday Times, Sunday, April 26, 2019. https://www.thetimes.co.uk/article/ronald-and-peter-goldstein-fw0jt2fx68p。

[5] *Kingfisher Announces Completion of Superdrug Sale.* Kingfisher Plc. Disposal, Investegate, July 20, 2001. https://www.investegate.co.uk/kingfisher-plc--kgf-/rns/disposal/200107201434292695H/。

[6] GmbH，即「有限公司」的德語簡稱。

[7] Your Equity Capital Partner, Rossmann, Hanover Fianz. Accessed December 12, 2019. https://hannoverfinanz.de/printversion/en/services/examples/rossmann/ 。

[8] Jean-Pierre, *Rossmann was ahead of his time - why Rossmann GmbH does not have to be afraid of Amazon and the likes.* The Economic News, June 22, 2017. Accessed December 12, 2019. https://die-wirtschaftsnews.de/drogeriekette-rossmann-historie-zukunft-und-die-konkurrenz/ 。

[9] Tonnersmann, Jens, *Dirk Rossmann the Unbelievable, that everything went well again.* Zeit Online, March 16,2017. Accessed December 12,2019 。

[10] Ngai, Malina, *A.S. Watson acquires 40% stake in German retail chain Rossmann*, Press Release, A.S. Watson, 24 August 2004. https://www.ckh.com.hk/en/global/home.php 。

[11] Van Riessen, Paul, *In memorian: Dini de Rijcke-Groenwoudt, the silent force behind the founder of Kruidvat*, Quote, May 1, 2019. Accessed December 11, 2019. https://www.quotenet.nl/nieuws/a27328980/in-memoriam-dini-de-rijcke-groenwoudt-de-stille-kracht-achter-de-oprichter-van-kruidvat/ 。

[12] Li, Sandy, *AS Watson man at helm laid foundation on Kruidvat deal*, South China Morning Post, 30 August 2002. 2019. https://www.scmp.com/article/389770/watson-man-helm-laid-foundation-kruidvat-deal 。

[13] 2002 年 8 月 22 日和記黃埔收購歐洲主要零售集團 Kruidvat 和黃官網新聞稿。https://www.ckh.com.hk/en/media/press_each.php?id=995 。

[14] *Commission clears the acquisition of Kruidvat by AS Watson in the retail of health and beauty products.* Press Release，European Commission. September 27，2002. https://ec.europa.eu/commission/presscorner/detail/en/IP_02_1388 。

[15] SARS（嚴重急性呼吸道綜合症）是由冠狀病毒（SARS-CoV）引起的人畜共患病毒性呼吸道疾病。到了 2003 年第一季末，SARS 已傳播到中國大陸、台灣、東南亞，包括馬來西亞、新加坡和泰國與歐美華人聚居的社群。SARS 嚴重限制了亞洲的經濟活動。2003 年 4 月至 6 月，香港是一個「疫區」，入境遊客大量減少，零售業遭受了嚴重衝擊。

[16] 「遏制政策」或俗稱「強制性檢疫」，已成為眾多國家政府與地區用來製止 SARS 蔓延的有效公共衛生措施。中國大陸以相同的方法解決了 2019 年 12 月發生的新型冠狀病毒疫情，到了 2020 年 5 月，該病毒在中國大陸已沒有廣泛地傳播。

[17] Yun-Wing Sung et.al., The Economic Benefits of Mainland Tourists for Hong Kong: The Individual Visit Scheme (IVS) and Multiple Entry Individual Visit Endorsements (M-Permit), Shanghai-Hong Kong Development Institute, Occasional Paper No. 34, The Chinese University of Hong Kong, September 2015:8. Accessed March 29, 2020. http://www.cuhk.edu.hk/shkdi/pub/OP34.pdf。

[18] SARS 爆發前，中國大陸政府設定了年度出境遊客人數和團體出團數的年度配額，以確保出境遊客的旅行安全和旅行社的品質。對於中國大陸人民而言，這是一個突破，他們不必參加旅行社組織的團體旅行團，可以自由自在地個人出境旅行，最初是由香港、澳門地區，現在則是全世界大部份國家。

[19] 2020 年 11 月 11 日，與韋以安訪談。

第 8 章

[1] 自 2005 年開始，零售部門的業務只包括屈臣氏、百佳、豐澤、Nuance-Watson 免稅店等與飲料製造。之前合併在報表內的和記黃埔（中國）多個投資專案，包括飛機工程服務、保健等，和記港陸的玩具製造業務、Tom 集團等，都轉到能源、基建、財務及投資與其他部門合併在同一報表內。

[2] 《歐洲化妝品行業研究》最終報告，2007 年 10 月，《全球洞察力》：8。為歐洲委員會準備、企業和工業總幹事。https://ec.europa.eu/growth/content/study-european-cosmetics-industry-2007-0_en。

[3] 西歐由最初的歐盟 15 國家組成，包括奧地利、比利時、丹麥、芬蘭、法國、德國、希臘、愛爾蘭、義大利、盧森堡、荷蘭、葡萄牙、西班牙、瑞典和英國。

[4] 新的歐盟 12 個國家是保加利亞、賽普勒斯、捷克、愛沙尼亞、匈牙利、拉脫維亞、立陶宛、馬爾他、波蘭、羅馬尼亞、斯洛伐克和斯洛維尼亞

[5] Clamart : le parfumeur Bernard Marionnaud est mort, Le Parisen, July2, 2016. Accessed January 2, 2020. http://www.leparisien.fr/hauts-de-seine-92/clamart-92140/clamart-le-parfumeur-bernard-marionnaud-est-mort-22-07-2015-4964519.php。

[6] Décès de Marcel Frydman, ex-PDG de Marionnaud, patron atypique du luxe, Modifié le 24/04/2015, Le Point, Economie. Accessed January 2, 2020. https://www.lepoint.fr/economie/deces-de-marcel-frydman-ex-pdg-de-marionnaud-patron-atypique-du-luxe-23-04-2015-1923838_28.php。

[7] 屈臣氏收購了蔓麗安奈 90.69% 計畫重新公開發售的股份。2005 年 4 月 8 日屈臣氏新聞稿。http://www.hutchison-whampoa.com/en/media/press_each. php?id=1665。

[8] *Le gendarme de la Bourse épingle Marionnaud,* Ecoomie, Le Monde, Paris, France. October 13, 2005. https://www.lemonde.fr/economie/article/2005/10/13/ le-gendarme-de-la-bourse-epingle-Marionnaud_698810_3234.html。

[9] AMF 審計了 2002 年的帳目、資產負債表以及所有財務往來資訊,並判斷蔓麗安奈 2003 年的財務報告為「虛假、不準確和誤導」。

[10] 預計 A. S. Watson(P&C U.K.)Limited 將收購 Merchant Retail Group plc。倫敦公平貿易辦公室,2005 年 7 月 14 日。

[11] 香水商店有限公司董事報告和帳目,註冊號 2699577,倫敦公司首頁,1993 年 3 月 27 日。https://beta.companieshouse.gov.uk/company/02699577/filing-history?page=1。

[12] 透過 ASW 的收購,2005 會計年度的結束日期縮短為 40 週,與 12 月 31 日作為年度結束日期一致。TPS 的 2006 會計年度將是截至 12 月 31 日正常的 12 個月會計年度。

[13] Drogas 被香港零售巨頭收購,2004 年 6 月 10 日,《波羅的海時報》(*The Baltic Times*)。https://www.baltictimes.com/news/articles/10244/。

[14] 在此之前,傑涅夫是 Interpegro Lativa 的董事總經理,可口可樂在當地的合資夥伴以及可口可樂的總經理。在 Interpregro 工作期間,傑涅夫在拉脫維亞的超級市場管理方面擁有 10 多年的經驗。

[15] *Population levels*, Population and Migration, OECD Data, Turkey. http://www. oecd.org/sdd/01_Population_and_migration.pdf。

[16] *Time to grow in cosmetics,* Ekonomist Online, July 22, 2018. https://www. ekonomist.com.tr/kapak-konusu/kozmetikte-buyume-zamani.html。

[17] *Our Conversation with Watson's General Manager, Ahmet Yanikoglu,* Capital, February 25, 2016. Accessed January 5, 2020. https://www.capital.com.tr/is-dunyasi/soylesiler/talep-cok-yuksek-yeni-sirket-gelir?sayfa=2。

[18] Sanders, Paul, *Foreign retail groups in Russia - The limits of development*, Paper Presented at the IX International Academic Conference of Economic Modernization and Globalization, Higher School of Economics, Moscow. April 1-3, 2008:8. Accessed January 5, 2020。

[19] *A.S. Watson Group Adds Ukraine to Global Retail Map,* Press Release, July 19th, 2006, Accessed January 6, 2020. https://www.aswatson.com/watson-news-id-207/#.XhNNRVUzaOU。

[20] 2011 年，DC 改名為烏克蘭屈臣氏，目前在 89 個城市擁有 300 家零售藥妝門市與 21 家「店中店」。

[21] 2004 年 7 月 12 日，馬來西亞屈臣氏收購 Apex Pharmacy Deal，以加強屈臣氏在健康與美容領域的零售業務。2020 年 1 月 6 日瀏覽。http://www.hutchison-whampoa.com/en/media/press_each.php?id = 1454。

[22] 對於當前的 2020 財政年度，低收入經濟體的定義是，按照世界銀行阿特拉斯法（Atlas）方法計算的人均 GNI 在 2018 年為 1,025 美元或更少；中等收入較低的經濟體，是人均國民總收入在 1,026 至 3,995 美元之間的國家；中等偏上收入國家，是人均國民總收入在 3,996 至 12,375 美元之間的國家；高收入經濟體，是人均國民總收入達到或超過 12,376 美元的國家。世界銀行定義。https://datahelpdesk.worldbank.org/knowledgebase/articles/906519-world-bank-country-and-lending-groups。

[23] 人均國民總收入（GNI），阿特拉斯方法，（當年美元價格），世界銀行。https://data.worldbank.org/indicator/ny.gnp.pcap.cd。

[24] GNI 人均 GDP（現價美元），中華民國統計資訊網。https://eng.stat.gov.tw/point.asp?index=1。

[25] 屈臣氏進入韓國與 LGMart 建立屈臣氏健康和美容零售連鎖店，新聞稿，2004 年 11 月 16 日。https://www.ckh.com.hk/zh/media/press_each.php?id=1550。

[26] 2003 年 12 月 31 日的韓元（SKW）匯率等於 0.05 英鎊。https://fxtop.com/en/historical-currency-converter.php。

[27] LG 集團是韓國排名前三的上市企業集團，GSG 是由 LG 集團分拆出來，專門從事零售和能源相關業務，例如 LGM、LG Caltex Oil 和 LG Sports。

[28] 韓國最大的健康與美容商店，新聞稿，2005 年 6 月 30 日。https://www.aswatson.com/watson-news-id-261/#.XhVDllUzaOU。

[29] Sidik, Syahrizal, *ARTO Acquisition, This is the Record of Jerry Ng and Patrick Walujo.* Market, CNBC, Indonesia, August 22, 2019. https://www.cnbcindonesia.com/market/20190822145201-17-93936/akuisisi-arto-ini-rekam-jejak-jerry-ng-dan-patrick-walujo。

30 *Shareholder Structure and Composition,* Company Profile, Duta
Intidaya Tbk, 2018 Annual Report:47. https://www.idx.co.id/StaticData/
NewsAndAnnouncement/ANNOUNCEMENTSTOCK/From_EREP/201904/4fb9
232b60_074083a3dc.pdf。

31 瓦盧霍曾是太平洋世紀日本有限公司的高級副總裁，公司是 1990 年代
後期李嘉誠第二子李澤楷（Richard Li）所擁有。他曾是高盛（Goldman
Sachs&Co.）的投資銀行家、安永會計師事務所（Ernst&Young）的合作者，
也是 Northstar Group 私募公司的創始人，公司管理的資產達 20 億美元。

32 在內地，大型購物中心的商店租賃市場慣例是與營業額掛鈎而不是固定
租金，導購員（或稱營業助理）的收入比例為基本工資 20% 而傭金則是
80%。同時，屈臣氏在中國大陸藥妝銷售的自有品牌產品組合比例與毛利率
也較高。

33 *Private Retail Rental and Indices,* Property Market Statistics, Rating and
Valuation Department, Hong Kong. https://www.rvd.gov.hk/en/property_market_
statistics/index.html。

34 *Nominal Wage Indices (for employees up to supervisory level (excluding
managerial and professional employees) by selected industry section,* HSIC
Version 1.1-based statistics, Wages and Earnings, Census and Statistics
Department, Hong Kong. https://www.censtatd.gov.hk/hkstat/sub/sp210.jsp?table
ID=019&ID=0&productType=8。

35 行政費用包括經營租賃和工資支付費用。

36 Savers Health and Beauty Limited，2005 年年度報告：4-10。2020 年 1 月 12
日瀏覽。https://beta.companieshouse.gov.uk/company/02202838/filing-history。

37 Reference 41. Annual Report of 2006:1-6。

38 屈臣氏英國與 Savers 的關鍵管理層包括 Ian Webley、Dennis Casey、Kevin
Calvin 與 Brian Ingham，分別在 2015 年 6 月、9 月、10 月及 2006 年 1 月離
職。

39 和記黃埔有限公司 1997 年年度報告：33，於 2020 年 1 月 12 日瀏覽。https://
doc.irasia.com/listco/hk/hutchison/annual/97/ar1997.pdf。

40 和黃是保證合資企業外匯需求平衡的一方，以便寶僑公司的所有本地製成品
都可以在國內市場上出售，而當時的出口配額則不包括在內。

41 RCEP 是由東南亞國家聯盟十國發起，由中國、日本、韓國、澳洲、紐西蘭
等與東協有六國共同參加，共計 15 個國家所構成的區域合作協定。中國大

[42] 陸當局已公開支援香港特區加入 RCEP，日後港資零售業在 RCEP 國家內執行收購或投資將不再有壁壘。

[42] 2006 年屈臣氏的 27.2 億港元 EBIT 佔和黃總 EBIT 的 5.3%

[43] 從 2005 年開始，之前歸在零售業務的三個部門：和黃中國、和記港陸有限公司與 Tom 集團都轉至能源、基建、財務及投資與其他部門。.

[44] 這個安排意味著屈臣氏在未來數年會進行首次公開發售新股、債券或存款證，以籌集資金擴張業務。

[45] 如果不考慮蔓麗安奈因素和重組費用，雖然在亞洲和歐洲的利潤因為市場競爭的原因而毛利下降，EBIT 整體還是有著 3% 的成長。

第 9 章

[1] 2008 至 2009 年的金融危機，緣起於美國次級抵押貸款的效應，引發全球金融風暴，西歐也受到衝擊。但是，2012 年希臘未能償還債務繼而引發的歐債危機持續發酵，很快蔓延到義大利和西班牙的其他地中海國家。雖然在 2014 年有小陽春，一直到 2017 年情況才有所改善。但從 2018 年之後的情勢又再次反覆向下。

[2] 這是由於對基礎設施和新市鎮的投資，在快速的都市化和工業化進程中，為農村居民創造了就業機會。

[3] 假如依保健品而言，全球品牌的營養補充劑與透過外包製造者的毛利率可達 30% 到 60% 或更高。因此，自有品牌在產品組合與營業和利潤的比例至關重要。

[4] 其他零售包括百佳、百佳永輝、豐澤、屈臣氏酒窖及瓶裝水與飲品製造業務。

[5] 長和 2019 年年報，零售業：25-33。https://doc.irasia.com/listco/hk/ckh/annual/2019/car2019.pdf。

[6] 屈翠容原籍福建省廈門市人，初中時來到香港，高中時以優異成績考入香港大學。畢業後，加入麥肯錫公司（McKinsey&Company）擔任管理顧問長達 10 年。2014 年 9 月，屈翠容加入肯德基中國區任職總裁，常駐上海。2018 年 3 月，屈翠容成為百勝中國（Yum China）的首席執行官，領導 1,300 個城市的 8,750 多家餐廳。

[7] 到 2018 年，萬寧的門市數僅有 240 家，約屈臣氏的 7%，且主要位於華南地區。自 2004 年開始在廣州投資至今，萬寧已不能與屈臣氏相提並論。

8 萬寧內地大撤退 老牌美妝個護集合店不香了，新浪財經，2020 年 8 月 14 日。https://finance.sina.com.cn/chanjing/gsnews/2020-08-14/doc-iivhvpwy1016724.shtml。

9 2016 年長江和記實業有限公司年報，業務回顧—零售，中國保健及美容產品：29。https://doc.irasia.com/listco/hk/ckh/annual/2016/tc/orretail.pdf。

10 長江和記實業有限公司截至 2020 年 12 月 31 日止年度之業績摘要，零售業務回顧：155-164。https://doc.irasia.com/listco/hk/ckh/announcement/a244419-e_pressannouncement2020_fullversion.pdf。

11 2020 年，長江和記實業有限公司年報，業務回顧—零售，其他零售：9-16。https://ckh.com.hk/tc/ir/announcements.php。

12 2019 年蔓麗安奈仍然歸納在長和集團的其他財務和投資部門內，但門市與市場進一步下滑至 900 家與 11 個市場。

13 Victor Constancio, Speech on *"Policy Response to Covid-19 and Chance for Recovery"*, Virtual Round Table, Official Monetary and Financial Institutions Forum, London, April 3, 2020. https://www.omfif.org/events/virtual-roundtable-with-vitor-constancio-former-vice-president-european-central-bank/。

14 2021 年 3 月 18 日，長和 2020 年全年零售業績主席報告，5/148。https://doc.irasia.com/listco/hk/ckh/announcement/a244419-cpressannouncement2020fullversion.pdf。

第 10 章

1 自 1940 年代以來，一直沒有繼承人管理堪富利士在香港的業務，堪富利士金融地產有限公司後被怡和洋行凱西克家族控制的香港置地有限公司在 1971 年收購。

2 收購、成立或成為主要股東的年份。

3 屈臣氏成為公眾公司後（1907 年以前，在英國及殖民地的公眾公司是指由公眾認購其股份的公司，不由公眾認購股份的則為私人公司），堪富利士仍然是最大的單一股東和總經理，屈臣氏籌集資金的目的，是加快業務擴展到中國內地和菲律賓。

4 Chiu, Patrick, Henry Humphreys (1867–1943): a visionary in retail pharmacy in colonial Hong Kong, *Pharmaceutical Historian*, London, 2018, 48/3:77-81. https://www.ingentaconnect.com/content/bshp/ph。

[5] 香港衛生局成立於 1883 年，負責監督和控制殖民地的衛生設施，選民來自納稅人組成的兩個特別與普通陪審團名單，最高得票者自動當選。

[6] The Daily Press (Editorial), Hong Kong Daily Press, June 12, 1888:2. https://mmis.hkpl.gov.hk/old-hk-collection。

[7] Water Greenwood, John Joseph Francis, Citizen of Hong Kong, A Biographical Note, Journal of the Royal Asiatic Society Hong Kong Branch, Vol. 26 (1986):17. https://hkjo.lib.hku.hk/archive/files/8e5961d522c05baa5acf34c320df96c1.pdf。

[8] Bruce Chan, :120。

[9] 英國藥學會化學師與藥師註冊名單（*Chemists and Druggists Register*），Pharmacutical Society of Great Britain, 1919:177）。https://archive.org/details/registersofpharm00pharuoft。

[10] 其他兩名高資歷的藥劑師是政府藥劑師兼分析師威廉·克勞（William Edward Crow）和政府藥劑師法蘭克·布朗（Frank Browne）。克勞還是衛生委員會的秘書，在 1886 至 1892 年期間是兩位當選議員之一。

[11] Humphreys H.: Chinese Cinnamo, In John M. Maisch, (Ed.) *The American Journal of Pharmacy*, Philadelphia College of Pharmacy; October 1890: 497-500。

[12] Chiu Patrick. The First Hundred Years of Western Pharmacy in Colonial Hong Kong, 1841–1940. *Pharmaceutical Historian,* London, 2016;46(3).: 42-49. https://www.ingentaconnect.com/content/bshp/ph。

[13] Pollock HE. Report of public health and buildings commission. *Sessional Papers* 1907; 10 (185): 1-296. http://sunzi.lib.hku.hk/hkgro/view/s1907/1993.pdf。

第 11 章

[1] 上世紀二戰前後，來自廣東根植於香港的新四大家族，分別為：李嘉誠、李兆基、鄭裕彤和已故的郭得勝。

[2] 香港定位為亞洲國際都會的計畫，最先由香港特區行政長官董建華在其 1999 年的《施政報告》中提出。2001 年 5 月香港品牌推廣計畫，由董建華在《財富》全球論壇於香港舉行時主持這項計畫的開展禮。

[3] 當時香港的華資老闆依靠來自香港英籍商人洋行的出口訂單，例如德貴保（David Boag）、和記國際（Hutchsion International）、美最時（Melchers）、會德豐（Wheelock）以及其他與美國或歐洲進口商和分銷商進行中間交易的公司。家庭主婦拼花工更喜歡在業餘時間在家組裝塑膠花片，同時照顧年幼的孩子和年邁的父母，這就是所謂的「山寨工廠」。

⁴ 「長江」的中文單詞是指彙聚無數溪流和支流的大長江。李嘉誠的夢想是使長江工業有限公司像強大的長江一樣，成為一家偉大的中國人公司。

⁵ 自 1842 年香港成為英國殖民地以來，土地銷售一直是稅收的第一大收入來源，以支援殖民地行政管理和基礎設施建設。

⁶ 在 1973 年全球石油危機爆發後，由於和記在海外投資過度擴張，因而面臨財務困難，滙豐銀行透過與和黃股東的換股提供了臨時融資。1975 年和黃進行重組後，滙豐銀行積極尋求投資者接管其持有的和黃股份，長江基建是熱衷於尋求直接投資機會的理想人選。

⁷ 自 1963 年以來，和記國際有限公司（HIL）成為屈臣氏的最大股東。在和記與黃埔船塢有限公司合併為和黃有限公司後，成為屈臣氏的最大股東。

⁸ 屈臣氏每天從客戶收到現金從而產生了充裕的現金流。2019 年，屈臣氏的營業額為 1,690 億港元。若年利率 5% 的投資將額外產生 84.5 億港元的利潤。

⁹ 劉安琪，香港億萬富翁李嘉誠：一次深度訪談，2016 年 6 月 30 日。https://www.bloomberg.com/news/videos/2016-06-29/hong-kong-billionaire-li-ka-shing-an-in-depth-interview。

¹⁰ 當電子商務還處在剛剛起步的階段，和黃的管理階層建議不要過於勇猛地投資在不確定性的業務時，李嘉誠還是決定在 2001 年收購美國線上旅遊業務 Priceline 的 37% 股權，2006 年轉售並獲利 1.54 億美元。

¹¹ Paul Davies, On a Mission to Dispense with the Egg, Financial Times, February 26, 2014. Accessed February 7, 2020. https://www.ft.com/content/14e3bd70-9d39-11e3-83c5-00144feab7de。

¹² Ryan Swift, Meatless Meat Revolution Kicks Off in Hong Kong, where Li Ka-Shing Puts His Money Where His Mouth Is.*South China Morning Post*, May 3, 2019. Accessed February 7, 2020。

¹³ 李嘉誠基金會於 2017 年 9 月 29 日被《富比士》評為世界上最偉大的思想家之一。https://www.lksf.org/mr-li-named-one-of-the-worlds-greatest-living-business-minds-by-forbes/。

¹⁴ https://www.lksf.org/?lang=hk。

¹⁵ 李嘉誠基金會戴凱義捐贈 10 億美元幫助中小企業。中國日報香港版。2019 年 12 月 9 日。https://www.chinadailyhk.com/articles/119/253/145/1575899550628.html。

¹⁶ 大多數零售商收到 60,000 港元（6,000 英鎊）的無償支援，許多零售店收到 30,000 港元（3,000 英鎊）。

[17] 李察信是英國出生的澳洲籍律師,於 1976 年加入和記國際擔任執行董事負責財務重組,並於 1980 年底擢升為首席執行官。他一直服務到 1984 年,由英籍前法國外軍人官員馬世民接任。馬世民是在李嘉誠收購的商人銀行的聯合創辦人兼經理並過渡至和黃。馬世民在服務了和黃 10 年後離開,創立了自己的投資公司,並一直擔任長實非執行董事至 2017 年。

[18] 李嘉誠設立獎學金以紀念沈弼。李嘉誠基金會,2017 年 9 月 4 日。https://www.lksf.org/mr-li-ka-shing-establishesa-scholarship-in-memory-oflord-michael-sandberg-of-passfield-obe-cbe/。

[19] 李嘉誠基金會向兩所指定的英國大學捐贈 500 萬港元,是對沈弼·桑德伯格的紀念性禮物,沈弼是李嘉誠的終身朋友,兩人的友誼持續 50 多年。他建議李在 1978 年收購和黃時,不只要成為富裕的本地地產大亨,而應成為全球商業領袖。

[20] People: A History Memo from Professor Wang Gungwu, onm Li Ka-Shing, Lee Kuan Yew and Robert Kuok, Future City Summit, September 8, 2019. https://medium.com/@futurecitysummit/people-a-history-memo-from-prof-wang-gungwu-on-li-ka-shing-lee-kuan-yew-and-robert-kuok-f3bdcdbae48e。

[21] Jim Collins, *Good to Great, Why Some Companies Make the Leap...... and Others Don't.* Harper Business, New York, 2001。

[22] 屈臣氏集團宣佈管理層任命,屈臣氏集團最新消息,2019 年 10 月 23 日 星 期 三。https://www.aswatson.com/zh/a-s-watson-group-management-announcement/#.XyZTMSgzbD4。

[23] Chan, Kin-wa, How Asian Games medallist Malina Ngai reached the top of the corporate ladder from the athletics track. July 21, 2018. South China Morning Post. Accessed February 13, 2020. https://www.scmp.com/sport/hong-kong/article/2156234/how-asian-games-medallist-malina-ngai-reached-top-corporate-ladder。

[24] 2021 年 1 月 18 日,與劉寶珠訪談。

[25] The 7 Characteristics of a Great Team Player, Centre for Management and Organization Effectiveness. https://cmoe.com/blog/characteristics-great-team-player/。

[26] 團隊成員是負責任的成員,他們瞭解自己的角色、保持責任心、靈活和合作,對成果抱有積極態度並保持專注,並透過一致的行動進行支持。出色

的團隊合作者，管理和組織有效性中心的七個特徵。https://cmoe.com/blog/characteristics-great-team-player/。

[27] Ann M. Morrison Morgan W. McCall, Michael M. Lombard, *Lessons of Experience : How Successful Executives Develop on the Job*, Lexington, 1988。

[28] 安濤在 2018 年 9 月加入英國 Lloyds Pharmac 集團擔任首席行政官負責 1,500 家藥房。

[29] 戴保頓於 1995 年在英國 Safeway 超市開始他的事業，並於 2000 年加入屈臣氏為香港地區個人用品零售營運總監，最終成為香港與澳門區的董事總經理。他在 2017 年 12 月加入英國美體小舖擔任英國首席執行官。

[30] Marianne Wilson, China is first country to have e-commerce make up more than half of total sales, Chain Store Age, February 17, 2021. https://chainstoreage.com/china-first-country-have-e-commerce-make-more-half-total-retail-sales。

[31] 雖然，屈臣氏的保健和美容業務忠誠會員計畫是在亞洲和歐洲的屈臣氏個人用品店進行實體購物的誘因之一，但是其會員還是會瀏覽其他購物網站選購心儀的用品。

[32] AS Watson – a technology testbed, Inside (R) etail, Hong Kong. September 18, 2019. https://insideretail.hk/2019/07/31/as-watson-launches-in-store-dna-tests-with-prenetics/。

[33] Sajal Kohli et.al., How COVID-19 is changing consumer behavior-now and forever, Retail-Our Insights, Mckinsey & Company, July 30, 2020. https://www.mckinsey.com/industries/retail/our-insights/how-covid-19-is-changing-consumer-behavior-now-and-forever。

[34] Michael Treacy and Fred Wiersema, *The Discipline of Market Leaders*, Adison-Wesley, 1995。

[35] 長江和記實業有限公司 2020 年 6 月 30 日止 6 個月之未經業績李澤鉅主席報告，2020 年 8 月 6 日：2。https://www.ckh.com.hk/upload/attachments/tc/pr/c_CKHH_IR_2020_full_20200806.pdf。

第 12 章

[1] Armstrong,Gary, Kotler, Philip, *Principles of Marketing (17th Ed)*, Pearson, 2018。

[2] Shapiro, Benson P., *Rrejuvenating the Marketing Mix*, Harvard Business Review, Harvard Business School, Boston, September 1985。

3 Lauterborn, Robert. (1990). New Marketing Litany: Four Ps Passé: C-Words Take Over. Advertising Age, 1990. 61(41):26。

4 參考文獻 269。

5 品牌之道怎麼走？陳志輝教授主持中大五十周年博文公開講座，香港中央圖書館，2013 年 7 月 27 日。https://www.cuhk.edu.hk/chinese/features/professor-andrew-chan.html。

6 屈臣氏集團官網，顧客至上，自家品牌系列，2020 年 12 月 1 日。https://www.aswatson.com/zh/our-customers/our-own-brands/#.X8NalmgzbD4。

7 法國的商業文化主要可歸納為：員工至上、不把客戶當皇帝、論資排輩、每週工作時間短（35 小時）。

8 Richard Tomlinson, Troubled Waters at Perrier, CNN Money, November 29，2004. https://money.cnn.com/magazines/fortune/fortune_archive/2004/11/29/8192716/index.htm。

9 法國總工會（Confédération Générale du Travail，簡稱 CGT）為其特色之一，CGT 在沛綠雅的分會勞工代表要求雇主不可以擅自改變雇員聘用條件，任何細微工作條款和條件的變化都需要事先獲得工會的集體同意。

10 王儷橋在 1993 年 5 月與李澤鉅結婚之後從花旗銀行離職。翌年，黎啟明加入和黃發展事業。

11 WatsOn Quarter 1, 2007:2。

12 Supedrug® 的始終創新，WatsOn，2006 年第 2 季度：9。https://www.aswatson.com/wp-content/uploads/old/eng/pdf/watson_magazine/2006/69-watsON-e.pdf。

13 Reference 51:20。

14 2021 年 1 月 18 日，與劉寶珠訪談。

第 13 章

1 嬰兒潮世代，指第二次世界大戰或 1946 至 1964 年出生的人；X 世代，即 1980 年代之前出生，但在嬰兒潮一代之後的年齡層；Y 世代（即「千禧世代」）是 1981 至 1996 年之間出生的人；Z 世代是 1997 至 2012 年之間出生的人（資料來源：皮尤研究中心）。

2 屈臣氏 2015 年零售下降 5.1% 品牌優勢難再顯現，中國品牌研究院研究員朱丹蓬，長江商報，2015 年 3 月 17 日。http://finance.sina.com/bg/economy/sinacn/20160327/15141430404.html。

³ WatsON 105 期，2018 年第 4 季：聯繫顧客 - 加強與顧客在線上與線下的互動：2-9。https://www.aswatson.com/wp-content/uploads/2018/11/Watson-105_Chi.pdf。

⁴ 2016 年長江和記實業有限公司年報主席報告，零售業務，2017 年 3 月 22 日：11。https://doc.irasia.com/listco/hk/ckh/annual/2016/car2016.pdf。

⁵ 由 Homi Kharas 等人開發的一種基於家庭支出的「中產階級」分類，在 2011 年購買力平價（PPP）下每人每天花費 10 到 110 美元。

⁶ 魏文玲在 2019 年長和中期業績分析中的屈臣氏數位轉型介紹。

⁷ Homi Kharas，《全球中產階級的空前擴張：最新動態》，布魯金斯學會，《全球經濟與發展》工作論文第 100 期，2017 年 2 月。

⁸ Crabbe, Mathew, Global Consumer Trends 2030, November 5, 2019, Mintel. Accessed February 27, 2020。

⁹ 第一個民用社交媒體平台「六度」（Six Degrees）於 1997 年啟動，到 2001 年已有 100 萬名會員。2003 年，Linkedin 啟用，為求職者提供了一個免費線上發佈履歷的平台。2004 年 2 月，馬克．祖克柏（Mark Zuckerberg）為他的哈佛大學朋友創立了 Facebook，截至 2019 年底，Facebook 已發展為擁有 22 億用戶的全球頂級社交媒體平台。它也已成為消費品公司的重要行銷工具，在推出新產品和服務時，得以接觸他們的潛在客戶。

¹⁰ TikTok Statistics, Updated June 2020. Wallaroo, Accessed July 7, 2020. https://wallaroomedia.com/blog/social-media/tiktok-statistics/。

¹¹ 《綠色和平》呼籲總理解決空氣污染「危機」，曼谷郵報，2018 年 2 月 22 日。https://www.bangkokpost.com/thailand/general/1412290/city-smog-worsens。

¹² 法國巴黎 INSEAD 管理學院教授 W. Chan Kim 和 Renée Mauborgne，在 2004 年的《藍海戰略》一書中闡述了一種行銷理論，旨在同時追求差異化和低成本，以開拓新的市場空間並創造新的需求。

¹³ 鑑於亞洲市場的空氣污染惡化；無論是中國大陸冬季的煤炭燃燒，還是印尼在農產品豐收後的農業廢料燃燒，透過麻六甲海峽擴散到鄰國馬來西亞和新加坡，或者台灣和泰國的舊車不完全燃燒所產生的廢氣，近年來這些市場出現了嚴重的健康問題和皮膚問題。

¹⁴ 屈臣氏會員俱樂部計畫於 2009 年啟動。

¹⁵ 年度會費象徵性地為 2 到 3 歐元。

[16] 粵港澳大灣區包括香港和澳門兩個特別行政區，以及廣州、深圳、珠海、佛山、惠州、東莞、中山、江門和肇慶的九個直轄市。

[17] Superdrug 於 2010 年 8 月 26 日，在 C＋D 為化妝品客戶推出了「虛擬鏡子」。https://www.chemistanddruggist.co.uk/news/superdrug-launches-%E2%80%98virtual-mirrors%E2%80%99-cosmetics-clients。

[18] Michael, Arnold，屈臣氏和歐萊雅推出虛擬化妝試用服務，2019 年 3 月 12 日，Insider Retail。https://insideretail.asia/2019/03/12/as-watson-and-loreal-launch-virtual-makeup-try-on-service-2/。

[19] 美國輝瑞的專利藥「威而鋼」（Viagra）（藥名，Sidenalfil，西地那非）的專利到期後，全球的非專利藥廠都紛紛推出西地那學名藥。

[20] 薩哈爾・納齊爾（Sahar Nazir），大膽與美麗：今天健康與美容行業的地位，Retail Gazette，2019 年 8 月 15 日。https://www.retailgazette.co.uk/blog/2019/08/bold-health-beauty。

[21] Jonathan Eley，*Boots Launches Business Review as Sales Slide.* January 8, 2020. https://www.ft.com/content/61af725e-3223-11ea-9703-eea0cae3f0de。

[22] Elias Jahshan, *Superdrug owner eyes Holland & Barrett takeover,* Retail Gazette, June 22, 2017. https://www.retailgazette.co.uk/blog/2017/06/superdrug-holland-barrett-takeover/。

[23] H&B 由阿爾弗雷德・巴雷特（Alfred Barrett）和威廉・霍蘭德（William Holland）於 1870 年成立，他們在主教的斯托特福德（一家位於英格蘭赫特福德郡歷史悠久的集鎮）購買了一家雜貨店。自 1920 年以來，H&B 已易手多次，並於 1997 年被總部位於美國長島的健康補品公司 NBTY（現稱為 Nature's Bounty）收購。

[24] 2017 年 3 月 2 日，屈臣氏宣佈已與 H&B 簽署香港區域特許經營協定，以在屈臣氏香港零售店內開設 200 家保健品商店。估計屈臣氏為此舉是一種善意，因為它希望以 1.1 億英鎊以上的價格收購 H&B 全部業務。

[25] Fridman's L1 Retail to buy Holland & Barrett for $2.3（or £ 1.77）billion. Reuters, June 26, 2017. https://www.reuters.com/article/us-deals-carlyle-group-l1-idUSKBN19H0K1。

[26] Superdrug 的會計年度結束日是 12 月 31 日，而 H&B 的的會計年度結束日是 9 月 30 日。

[27] 絲芙蘭打造無縫客戶體驗的五種方式，全國零售聯合會智慧簡報，2018 年 7 月 25 日。https://nrf.com/blog/5-ways-sephora-creates-seamless-customer-experience。

[28] 中國 2019 年的線上零售總額估計為 1.5 兆美元，佔中國零售總額的四分之一，超過隨後十大市場的線上零售總額。

[29] Lambert Bu 等人，《中國數字消費者趨勢 2019》，麥肯錫，2019 年 9 月。https://www.mckinsey.com/featured-insights/china/china-digital-consumer-trends-in-2019。

[30] 沙莎等人，《疫情之下：中國消費者的四大趨勢性變化》。https://www.mckinsey.com.cn/。

[31] 博姿內部審查使 200 家藥妝門市面臨關閉的風險，BBC, May 28, 2019。https://www.bbc.com/news/business-48435802。

[32] 2019 年沃博聯年度報告，2019 年 10 月 23 日。https://s1.q4cdn.com/343380161/files/doc_financials/2019/annual/2019-Annual-Report-Final.pdf。

第 14 章

[1] 另外兩個中國投資基金是新加坡金融管理局（MAS）和 GIC 私人有限公司（GIC）。

[2] 支援香港盡早加入 RCEP，香港電臺。2020 年 11 月 19 日。https://news.rthk.hk/rthk/ch/component/k2/1560849-20201119.htm。

[3] Suhasini Haidar, T.C.A. Sharad Raghavan, India storms our of RCEP, says trade deal hurts Indian farmers, November 4, 2019. The Hindu. https://www.thehindu.com/news/national/india-decides-against-joining-rcep-trade-deal/article29880220.ece。

[4] Pacific Century Group Holdings Ltd., Hong Kong General Chamber of Commerce. 2020. http://www.chamber.org.hk/en/membership/directory_detail.aspx?id=HKP0338。

[5] Paul W. Bearmish (Ed.), Co-operative Strategies: Asian Pacific Perspectives, The New Lexington Press, 1997:40。

[6] 新加坡電信（Singapore Telecommunications）落選香港電信競標的原因，是由於香港政府的公共政策，即電話、地鐵、廣播和電視台等具有公共利益的公司多數股權應歸當地居民所有。

[7] Entrepreneur and Philanthropist Li Ka-Shing, Donates Record S$19.5 million to Singapore Management University. Press Release, SMU. September 9, 2002.

https://ink.library.smu.edu.sg/cgi/viewcontent.cgi?article=1025&context=oh_
pressrelease。

[8] Tong Cheung et.al., Hong Kong's Richest Man Li Ka-Shing Leads Tributes to "Dear Friend" Lee Kuan Yew, South China Morning Post, March 23, 2015. https://www.scmp.com/news/hong-kong/article/1745236/cy-leung-pays-tribute-lee-kuan-yew-singaporeans-mourn-former-leaders。

[9] 主權財富基金的組成，通常由固定收益和現金、股票以及房地產和私募股權等替代品組成。

[10] Temasek Holding is incorporated, History SG. http://eresources.nlb.gov.sg/history/events/3237d990-f72e-4cce-b86d-71e33f5f9695。

[11] Current Investments Sector, Our Portfolio, What We Do, Temasek. https://www.temasek.com.sg/en/index。

[12] 截至 2019 年 12 月 31 日，新加坡航空的前三大公司股東包括淡馬錫（55.46%）、星展集團（10.94%）和花旗銀行（9.38%）的合併持股量超過 75%。

[13] 然而，在本世紀初，淡馬錫未能倖免於全球網路泡沫的破滅，這導致何晶在 2002 年被任命為淡馬錫的執行董事。

[14] Temasek Value Since Inception, Portfolio Performance, Our Financials, Temasek. https://www.temasek.com.sg/en/our-financials/portfolio-performance。

[15] Geography, Current Investments, Our Portfolio, Temasek。

[16] Eliza Barreto, Update 1-Watson IPO likely for 2014 in HK and 2nd venue – Li Ka-shing, Reuters, February 28, 2014. https://www.reuters.com/article/watson-ipo/update-1-watson-ipo-likely-for-2014-in-hk-and-2nd-venue-li-ka-shing-idUSL3N0LX23520140228。

[17] Update 2- Eyeing Watson IPO, Li Ka-shing going for low price HK Electric Sale. January 22, 2014. https://www.reuters.com/article/hkelectric-ipo/update-2-eyeing-watson-ipo-li-ka-shing-goes-for-low-price-hk-electric-sale-idUSL3N0KW01U20140122。

[18] Reference 511。

[19] 包括主要營業地點。

[20] 截至當年 12 月 31 日，淡馬錫作為戰略伙伴在投資之前和之後的屈臣氏集團應佔權益。

21 Kwok, Johanathan, Temasek Holdings buying 25% of A.S Watson; deal worth $7.3 billion, The Straits Times, Singapore, March 24, 2014. https://www.straitstimes.com/business/temasek-holdings-buying-25-of-as-watson-deal-worth-73-billion。

22 和黃與淡馬錫締結屈臣氏業務策略聯盟，和記黃埔有限公司，2014 年 3 月 21 日。https://www.ckh.com.hk/en/media/topic/2674/HWL-Temasek-Watsons/。

23 這可能是由於當時 InTouch 的擁有者，時任泰國總理他信‧西那瓦（Thaksin Shinawatra）對新加坡甚為友好，當他下台後，其接任者們轉變態度，視新加坡電信為直接競爭對手。因此，淡馬錫可能改變對當初對永久持有 InTouch 業務的決定。

24 這對屈臣氏的價值有著正面的影響，因為其中持有 10% 股權的騰訊是中國大陸主要電商之一，另外 50% 持有者為永輝，其在全國的零售網路對日後的發展有舉足輕重的影響。

25 Vinicy Chan, Elffie Chew, Temasek Weighs Options for Sale in Retailer A.S. Watson. Bloomberg. January 7, 2019. https://www.bloomberg.com/news/articles/2019-01-07/temasek-said-to-weigh-options-for-stake-in-retailer-a-s-watson。

26 Temasek postpones sale of US$3b AS Watson stake, The Business Times, Singapore, September 4, 2019. https://www.businesstimes.com.sg/companies-markets/temasek-postpones-sale-of-us3b-as-watson-stake。

27 Deepshikha Monga, AS Watson not to enter India until 51% retail FDI allowed,The Economic Times,Industry, February 24, 2007. https://economictimes.indiatimes.com/industry/services/retail/as-watson-not-to-enter-india-until-51-retail-fdi-allowed/articleshow/1670501.cms?from=mdr。

28 Raghuvir Badrinah, A S Watson Group eyes India entry，Business Standard, Bangalore, January 20, 2013. https://www.business-standard.com/article/companies/a-s-watson-group-eyes-india-entry-111033000046_1.html。

29 Income Tax department seeks Rs 32, 320 crore from Hutchison over Vodafone deal, The Economic Times August 30, 2017. https://economictimes.indiatimes.com/news/economy/policy/income-tax-department-imposes-rs-7900-crore-penalty-on-vodafone-for-tax-dues/articleshow/60273810.cms。

30 Walmart to Invest in Flipkart Group, India's Innovative e-Commerce Company，Press Release, May 9, 2020. Walmart. https://corporate.walmart.com/

newsroom/2018/05/09/walmart-to-invest-in-flipkart-group-indias-innovative-ecommerce-company。

[31] 印度執政的莫迪政府在 2019 年 11 月 5 日退出 RCEP，主要原因是印度沒有準備開放其農產品、服務業等市場。

[32] 在保健與美容界，眾多單一品牌的企業，例如英國為基地發展全球的 H&B、美體小鋪等，都是長期獲利的實體零售企業，他們的「店中店」概念為一個低成本高效益的商業模式。

[33] 屈臣氏首間旗艦店正式進駐港杜拜購物中心。屈臣氏網站。2020 年 10 月 27 日。https://www.aswatson.com/zh/watsons-opens-its-first-store-in-the-middle-east-at-the-dubai-mall/#.X7uL7mgzbD7。

[34] Emily Leung, *Shopping Reinvented*, How*retailing industry can safeguard its future in the decade ahead?* Retail Asia Conference & Expo, Hong Kong, November 12, 2020. https://go.euromonitor.com/event-content-retailing-2020-shopping_reinvented.html?。

企業傳奇

街角的藥妝龍頭：超級零售勢力屈臣氏的崛起與挑戰

2021年4月初版　　　　　　　　　　　　　　　　定價：新臺幣380元
有著作權・翻印必究
Printed in Taiwan.

著　　　者	趙			粵
叢書編輯	陳	冠		豪
校　　對	鄭	碧		君
內文排版	李	信		慧
封面設計	FE設計工作室			

出　版　者	聯經出版事業股份有限公司	副總編輯	陳	逸	華
地　　　址	新北市汐止區大同路一段369號1樓	總編輯	涂	豐	恩
叢書編輯電話	(0 2) 8 6 9 2 5 5 8 8 轉 5 3 1 5	總經理	陳	芝	宇
台北聯經書房	台 北 市 新 生 南 路 三 段 9 4 號	社　　長	羅	國	俊
電　　　話	(0 2) 2 3 6 2 0 3 0 8	發行人	林	載	爵
台中分公司	台 中 市 北 區 崇 德 路 一 段 1 9 8 號				
暨門市電話	(0 4) 2 2 3 1 2 0 2 3				
台中電子信箱	e - m a i l：l i n k i n g 2 @ m s 4 2 . h i n e t . n e t				
郵政劃撥帳戶	第 0 1 0 0 5 5 9 - 3 號				
郵 撥 電 話	(0 2) 2 3 6 2 0 3 0 8				
印　刷　者	文 聯 彩 色 製 版 印 刷 有 限 公 司				
總　經　銷	聯 合 發 行 股 份 有 限 公 司				
發　行　所	新北市新店區寶橋路235巷6弄6號2樓				
電　　　話	(0 2) 2 9 1 7 8 0 2 2				

行政院新聞局出版事業登記證局版臺業字第0130號

國家圖書館出版品預行編目資料

街角的藥妝龍頭/趙粵著 . 初版 . 新北市 . 聯經 .
2021年4月 . 336面 . 14.8×21公分（企業傳奇）
ISBN　978-957-08-5762-7（平裝）

1.屈臣氏個人護理店　2.零售商　2.企業經營

498.2　　　　　　　　　　　　　　110004657